全国高等职业教育规划教材

Access 数据库应用教程

主　编　李晓歌　　焦　阳

副主编　许朝侠

参　编　孔素真　　王　伟

　　　　段红玉　　史岳鹏

　　　　邵丽红　　李　娜

　　　　李晓燕

机械工业出版社

本书的内容可以分为 3 个部分：第 1 部分介绍数据库理论，主要涉及数据库的基本概念、数据库系统的组成、数据模型、数据库的设计和规范方法；第 2 部分介绍 Access 2003 数据库管理系统的各项功能，主要内容包括 Access 2003 中各个对象的基本功能、使用方法和数据库安全知识；第 3 部分介绍使用 Access 2003 开发数据库应用系统的过程和技巧。

本书可作为高职高专院校计算机相关专业及文科类专业学生学习数据库应用技术的教材，也可作为数据库应用系统开发人员的参考资料和计算机等级考试参考用书。

本书有配套的电子课件，需要的教师可登录 www.cmpedu.com 免费注册、审核通过后下载，或联系编辑索取（QQ：81922385，电话：010 - 88379739）。

图书在版编目 (CIP) 数据

Access 数据库应用教程/李晓歌，焦阳主编. —北京：机械工业出版社，2011.2
全国高等职业教育规划教材
ISBN 978 - 7 - 111 - 33038 - 7

Ⅰ.①A… Ⅱ.①李… ②焦… Ⅲ.①关系数据库 - 数据库管理系统，Access - 高等学校：技术学校 - 教材
Ⅳ.①TP311.138

中国版本图书馆 CIP 数据核字 (2011) 第 008078 号

机械工业出版社 (北京市百万庄大街 22 号　邮政编码 100037)
责任编辑：鹿　征　马　超
责任印制：杨　曦
北京蓝海印刷有限公司印刷
2011 年 2 月第 1 版·第 1 次印刷
184mm×260mm ·15.5 印张·378 千字
0001—3000 册
标准书号：ISBN 978 - 7 - 111 - 33038 - 7
定价：27.00 元

全国高等职业教育规划教材
计算机专业编委会成员名单

出 版 说 明

根据《教育部关于以就业为导向深化高等职业教育改革的若干意见》中提出的高等职业院校必须把培养学生动手能力、实践能力和可持续发展能力放在突出的地位，促进学生技能的培养，以及教材内容要紧密结合生产实际，并注意及时跟踪先进技术的发展等指导精神，机械工业出版社组织全国近 60 所高等职业院校的骨干教师对在 2001 年出版的"面向21 世纪高职高专系列教材"进行了全面的修订和增补，并更名为"全国高等职业教育规划教材"。

本系列教材是由高职高专计算机专业、电子技术专业和机电专业教材编委会分别会同各高职高专院校的一线骨干教师，针对相关专业的课程设置，融合教学中的实践经验，同时吸收高等职业教育改革的成果而编写完成的，具有"定位准确、注重能力、内容创新、结构合理和叙述通俗"的编写特色。在几年的教学实践中，本系列教材获得了较高的评价，并有多个品种被评为普通高等教育"十一五"国家级规划教材。在修订和增补过程中，除了保持原有特色外，针对课程的不同性质采取了不同的优化措施。其中，核心基础课的教材在保持扎实的理论基础的同时，增加实训和习题；实践性较强的课程强调理论与实训紧密结合；涉及实用技术的课程则在教材中引入了最新的知识、技术、工艺和方法。同时，根据实际教学的需要对部分课程进行了整合。

归纳起来，本系列教材具有以下特点：

1）围绕培养学生的职业技能这条主线来设计教材的结构、内容和形式。

2）合理安排基础知识和实践知识的比例。基础知识以"必需、够用"为度，强调专业技术应用能力的训练，适当增加实训环节。

3）符合高职学生的学习特点和认知规律。对基本理论和方法的论述要容易理解、清晰简洁，多用图表来表达信息；增加相关技术在生产中的应用实例，引导学生主动学习。

4）教材内容紧随技术和经济的发展而更新，及时将新知识、新技术、新工艺和新案例等引入教材。同时注重吸收最新的教学理念，并积极支持新专业的教材建设。

5）注重立体化教材建设。通过主教材、电子教案、配套素材光盘、实训指导和习题及解答等教学资源的有机结合，提高教学服务水平，为高素质技能型人才的培养创造良好的条件。

由于我国高等职业教育改革和发展的速度很快，加之我们的水平和经验有限，因此在教材的编写和出版过程中难免出现问题和错误。我们恳请使用这套教材的师生及时向我们反馈质量信息，以利于我们今后不断提高教材的出版质量，为广大师生提供更多、更适用的教材。

机械工业出版社

前　　言

Microsoft Access 2003 关系型数据库系统是微软公司的办公自动化套装软件 Office 2003 中的一个重要组成部分。它具有 Office 软件功能强大、用户界面友好、易学易用的优点，用它来开发中小型数据库应用项目非常便捷和灵活。Access 不仅是数据库初学者的不错选择，也越来越广泛地应用于各类管理软件的开发，是目前较为流行的桌面数据库管理系统。

本书采用项目驱动方式介绍 Access 2003 数据库管理系统。在本书的学习过程中读者会接触到三个项目：第一个项目为"学生成绩管理系统"，它贯穿各章节，读者只要动手完成各章实例的操作，即可完成一个完整的系统；第二个项目为"图书管理系统"，伴随全书主要章节的实训，结合每章节的知识点，给出项目设计的详细提示，在熟悉第一个项目的基础上，自己动脑、动手完成，加深读者对主要知识点的理解，提高应用的熟练程度；第三个项目为"仓库管理系统"，在本书的最后一章给出，通过详细介绍这个数据库应用项目的设计和实现过程，结合对前面章节主要知识点的应用，掌握设计一个数据库应用项目的过程和技巧。

本书各个实例都经过精心挑选和设计，力争做到理论联系实际、叙述详尽、思路清晰。

本书的主要编写人员包括郑州牧业工程高等专科学校的李晓歌、焦阳、许朝侠、孔素真、王伟、段红玉、史岳鹏、邵丽红，漯河职业技术学院的李娜、李晓燕等。

由于编者水平有限，书中难免有错漏之处，敬请广大读者批评指正。

编者

目　录

第 1 章　数据库及 Access 基础

1.1　数据库概述

数据库技术产生于 20 世纪 60 年代中期，现在已经成为计算机科学与技术的一个重要分支，成为信息技术的重要组成部分。由于信息资源已经变得越来越重要，数据库技术也被广泛地应用到人们工作、生活的各个领域。

要了解数据库的相关知识，首先要理解和数据库相关的一些概念。

1.1.1　数据、信息和数据处理

1. 数据

数据是人们对客观事物观察时记录下来的可识别的符号。数据的种类很多，如数字、文字、图像、声音等。人们对现实世界各种事物的描述都可以抽象为数据，例如，对于一个学生的信息就可以这样描述：（蒋小诗，女，1985—3—23，云南），这样的学生记录就是数据，可以经过数字化之后存储到计算机中，并对它进行各式各样的处理操作。

2. 信息

信息是经过加工处理的有用数据，它表示了数据的含义。

3. 数据处理

数据处理是指将数据加工并转换成信息的过程。数据处理的基本目的是从大量的、可能是杂乱无章的、难以理解的数据中抽取并推导出对于某些特定的人们来说是有价值、有意义的数据。

1.1.2　数据管理技术发展过程

随着计算机软硬件技术的发展，数据管理技术的发展大致经历了人工管理、文件系统和数据库系统 3 个阶段。

1. 人工管理阶段

出现在 20 世纪 50 年代中期以前，这个时期的计算机主要用于科学计算。数据处理最主要是指对所存储数据的计算、处理，而很少考虑数据的存储和管理。这个时期没有操作系统，也没有管理数据的软件。这个时期的数据与处理数据的程序密切相关，互相不独立，数据不做长期保存，而且依赖于计算机程序或软件。

2. 文件系统阶段

出现在 20 世纪 50 年代后期至 20 世纪 60 年代中期。这个时期的计算机已不仅仅用于科学计算，还大量用于数据管理。此时有了操作系统，在操作系统的支持下，设计开发出了专门的文件管理系统来管理数据，成为文件系统。

和人工管理阶段相比，这个阶段的数据管理程序与数据有一定的独立性，程序和数据分

开存储，数据文件可以长期保存。但由于文件中的数据没有结构，文件间没有有机的联系，因此文件只能在文件级共享，而不能在记录级或数据项级实现共享，因而导致数据冗余度大，缺乏数据独立性。

3. 数据库系统阶段

从 20 世纪 60 年代末开始，随着数据量的急剧增加，数据管理的规模越来越大，对数据共享的要求也越来越高，这就导致了一种新的先进的数据管理技术的出现——数据库系统。

数据库系统采用特定的数据模型，数据具有较高的数据独立性，数据库系统能对数据进行集中的统一管理，从而更好地实现数据共享，减少数据冗余。

1.1.3　数据库系统的组成

1. 数据库（Data Base，DB）

数据库是人们为解决特定的任务，以一定的组织方式存储在一起的相关的数据的集合。这些数据按照一定的格式存放在计算机的存储设备上。

2. 数据库管理系统（Data Base Management System，DBMS）

数据库管理系统是用来在计算机上建立、使用、管理和维护数据库的系统软件。数据库管理系统是数据库系统的一个重要组成部分。它是位于用户与操作系统之间的数据管理软件，如常见的 Access、SQL Server、Oracle 等，都是常用的数据库管理系统。数据库管理系统主要包括以下几个功能。

（1）数据定义功能。DBMS 提供相应的数据定义语言（Data Definition Language，DDL）来定义数据库结构。

（2）数据操纵功能。DBMS 提供数据操纵语言（Data Manipulation Language，DML），实现对数据库中数据的基本操作，如查询、插入、删除、修改等。

（3）数据库的运行管理功能。数据运行管理功能主要包括针对数据的安全性、完整性，以及多用户对数据的并发使用的管理及发生故障后的系统恢复。

（4）数据库的建立和维护功能。包括数据库初始数据的装入，还包括数据库的转储、恢复、重组织，以及系统性能监视、分析等功能。这些功能通常是由一些实用程序完成的。

3. 数据库系统（Data Base System，DBS）

数据库系统是引入了数据库的计算机系统，它的组成部分一般有：数据库、数据库管理系统、应用系统、数据库管理人员和用户。

1.2　关系型数据库

数据模型是用来对现实世界进行抽象的工具。在数据库技术领域中，数据模型有 3 种：层次数据模型，采用树形结构描述数据实体间的关联；网状数据模型，采用网状结构描述数据实体间的关联；关系数据模型，采用二维表描述实体间的关联。关系型数据库系统是目前使用最为广泛的数据库系统，Access 就是其中之一。

1.2.1　关系术语

在 Access 中，关系表现为一张二维表格。在日常生活中，人们其实经常有意识或无意识地使用关系。图 1-1 中给出了一张"学生"表，图 1-2 中给出了一张"成绩"表，这就是两个关系，并且可以根据学号，通过一定的关系运算，将两个关系联系起来。

学号	课号	成绩
2008101	1001	80
2008101	1002	80
2008101	1003	90
2008102	1001	76
2008102	1002	77
2008102	1003	80
2008103	1001	87
2008103	1002	96
2008103	1003	75
2008104	1001	77
2008104	1002	85
2008104	1003	76

学号	姓名	性别	出生年月	专业
2008101	王文静	女	1986-3-19	计算机应用
2008102	刘阳	男	1984-6-18	计算机应用
2008103	孙西秋	男	1986-11-3	计算机应用
2008104	钱南复	男	1985-6-28	计算机应用
2008105	李北东	男	1986-9-19	计算机应用
2008106	尹莉莉	女	1985-8-26	计算机网络技术
2008107	钱华明	男	1987-10-2	计算机网络技术
2008108	张朝涛	男	1988-5-18	计算机网络技术

图 1-1 "学生"表   图 1-2 "成绩"表

下面介绍关系的相关术语。

1. 字段

字段也称为属性，是数据表中的一列。例如，在图 1-1 的"学生"表中，学号、姓名、性别、出生年月等都是字段。

2. 记录

记录也称为元组，是数据表中的一行。如"学生"表和"成绩"表中的每一行数据都是一条记录。

3. 数据表

数据表也称为关系。是由具有相同字段的所有记录构成的集合。如"学生"表和"成绩"表各是一个关系。

4. 关键字

能够唯一标识一条记录的一个或多个字段的集合称为关键字。

5. 候选关键字和主关键字

如果有两个或两个以上的字段集合都具有唯一标识的性质，则称这些字段集合为关系的候选关键字。

如果候选关键字多于一个，可指定其中一个候选关键字为主关键字，又叫主键，每个关系必须有一个主键。

1.2.2 关系的特点

关系看起来简单，但并不是日常手工管理所用的各种表格都可以作为关系直接存放在数据库系统中，在关系模型中对关系有一定的要求，关系必须满足以下特点。

1. 关系必须规范化

所谓规范化是指关系模型中的每一个关系都必须满足一定的要求。最基本的要求是所有字段值都是不可再分的。

手工制表中经常出现图 1-3 所示的复合表，其中应发工资和应扣工资字段都可再分。这种表格不能直接作为关系来存储。

姓名	职称	应发工资		应扣工资		实发工资
		基本工资	奖金	房租	水电	

图 1-3　复合表

2. 关系中不能有重复字段

在同一个关系中不能出现相同的字段名，即不允许同一表中有相同名称的两列段名。

3. 关系中不能有重复记录

在同一个关系中不能出现完全相同的记录，即不允许同一表中有完全相同的两行。

在一个关系中记录和字段的次序无关紧要，可以任意交换两行或两列的位置。

1.2.3　关系运算

一个数据库中可以存放的数据是很多的，而不同用户在用的时候只需要找出对自己有用的数据，这就需要对数据库进行查询，找出用户需要的数据。查询需要对关系进行一定的关系运算。不同类型的数据库采用不同的运算来实现它的功能，在关系型数据库中，主要采用 3 种基本的关系运算：选择、投影、联接。有些查询需要几个基本运算的组合。

1. 选择运算

选择运算是从指定的关系中选取满足给定条件的若干记录以构成新关系的运算。选择运算是从行的角度进行的运算。

下例进行的就是一个选择运算。

【例 1-1】　在图 1-1 所示"学生"表中，查询所有的男生。

结果如图 1-4 所示。

2. 投影运算

投影运算是从指定的关系中选取指定的若干字段以构成新关系的运算。投影运算是在列的角度进行的运算。

下例进行的就是一个投影运算。

【例 1-2】　在图 1-1 所示"学生"表中，查询所有学生的学号、姓名和专业。

结果如图 1-5 所示。

学号	姓名	性别	出生年月	专业
2008102	刘阳	男	1984-6-18	计算机应用
2008103	孙西秋	男	1986-11-3	计算机应用
2008104	钱南复	男	1985-6-28	计算机应用
2008105	李北东	男	1986-9-19	计算机应用
2008107	钱华明	男	1987-10-2	计算机网络技术
2008108	张朝涛	男	1988-5-18	计算机网络技术

图 1-4　选择运算结果

学号	姓名	专业
2008101	王文静	计算机应用
2008102	刘阳	计算机应用
2008103	孙西秋	计算机应用
2008104	钱南复	计算机应用
2008105	李北东	计算机应用
2008106	尹莉莉	计算机网络技术
2008107	钱华明	计算机网络技术
2008108	张朝涛	计算机网络技术

图 1-5　投影运算结果

3. 联接运算

联接运算是选取若干指定关系中的字段，将多个关系拼接成一个新的关系，生成的新关系中包含满足联接条件的记录。联接是关系的横向结合。

联接过程是通过联接条件来控制的，联接条件中将出现两个表中的公共字段名，或者具有相同的语义、可比的字段。联接结果是满足条件的所有记录。

下例进行的就是一个联接运算。

【例 1-3】 将图 1-1 所示的"学生"表和图 1-2 所示的"成绩"表中的学号相同的记录联接在一起。

结果如图 1-6 所示。

学号	姓名	性别	出生年月	专业	课号	成绩
2008101	王文静	女	1986-3-19	计算机应用	1001	80
2008101	王文静	女	1986-3-19	计算机应用	1002	80
2008101	王文静	女	1986-3-19	计算机应用	1003	90
2008102	刘阳	男	1984-6-18	计算机应用	1001	76
2008102	刘阳	男	1984-6-18	计算机应用	1002	77
2008102	刘阳	男	1984-6-18	计算机应用	1003	80
2008103	孙西秋	男	1986-11-3	计算机应用	1001	87
2008103	孙西秋	男	1986-11-3	计算机应用	1002	96
2008103	孙西秋	男	1986-11-3	计算机应用	1003	75
2008104	钱南复	男	1985-6-28	计算机应用	1001	77
2008104	钱南复	男	1985-6-28	计算机应用	1002	85
2008104	钱南复	男	1985-6-28	计算机应用	1003	76

图 1-6　联接运算结果

从以上实例可以看出，在对关系数据库的查询中，利用关系的投影、选择和联接运算可以方便地分解或构成新的关系。

1.3　Access 数据库简介

1.3.1　Access 的特点

Microsoft Access 是 Microsoft Office 套件中的一个组成部分，具有 Office 软件的易学、易用、功能强大的特点，是开发和管理小型数据库不错的选择。与其他关系型数据库管理系统相比，Access 具有以下几个特点。

1. 存储文件单一

用 Access 建立的数据库，其所有的对象（页对象除外）都在一个文件中存储，使文件的操作和管理更为方便。而在其他关系型数据库系统中，每个数据库往往由许多不同的文件组成。

2. 更好的容错性

Access 提供名称自动更改功能，如果用户修改了某个对象的名称，系统会自动将更改传递给相关联的对象，而不用在相关的对象中一一手动进行修改操作，从而大大减少因此而带来的相关操作的次数，避免因改变数据库对象名称而引发的对于相关联的其他对象的影响。

3. 可方便地创建 Web 页

Access 2000 以上的版本中增加了数据访问页功能，通过创建数据访问页，可以将数据库中的数据直接传送到 Internet 上，使用户能够在 Internet 上管理和操作数据库。

4. 良好的数据共享性

Access 作为 Office 套件的一个组成部分,可以与 Word、Excel 等其他 Office 组件进行数据交换和共享。另外,Access 也提供了与其他数据库管理软件包的良好接口,能够识别 dBASE、FoxPro 等多种数据库文件,可实现多种数据的共享。

5. 界面友好、易学易用

Access 具有图形化的用户界面,提供了很多可视化操作工具和向导程序,很多功能用这些工具就可以方便地实现,而不必编程。

6. 功能强大的编程语言

Access 中嵌入了功能强大的 VBA(Visual Basic for Application)编程语言,它是 VB 语言的一个子集,在使用可视化工具的基础上,结合使用 VBA 编程语言可以构建功能更为强大的数据库应用系统。

1.3.2 Access 的运行

1. Access 的运行环境

本书主要介绍使用 Access 2003 进行数据库管理和数据库应用系统开发的方法。由于 Access 2003 是 Office 2003 套件的一个组成部分,因此,Access 2003 的运行环境要求就是 Office 2003 的运行环境要求。Office 2003 各个版本均要求 Windows XP 或 Windows NT/2003 Server/Workstation 操作系统所提供的运行环境。

2. Access 的安装技术要点

Access 2003 的安装过程是在安装 Office 2003 的过程中完成的。在安装 Office 2003 时,可以根据实际需要安装其中的全部或部分功能。在一般情况下,可能出于两种不同的需求安装 Access 2003。

(1)为了运行一个用 Access 2003 开发好的应用系统。如果安装 Access 2003 是为了运行一个用 Access 2003 开发好的应用系统,这时只需要在安装 Office 2003 时选择 Access 2003 组件,然后在安装向导提供的窗口中一直单击"下一步"按钮,直至安装结束即可。

(2)为了用 Access 2003 进行开发设计。如果是为了用 Access 2003 开发设计一个应用系统,就必须完整地安装 Access 2003。在这种情况下,安装的过程中有两个步骤需要注意。

当出现"请选择要安装的 Microsoft Office 2003 应用程序"安装窗口时,要勾选"选择应用程序的高级自定义"复选框,如图 1-7 所示。

在图 1-7 中单击"下一步"按钮,在如图 1-8 所示的界面中进行选择安装功能的操作,在此界面中的"Microsoft Office Access"组件图标上单击,会有一个下拉菜单,包括"从本机运行"、"从本机运行全部程序"、"在首次使用时安装"、"不安装"选项。在这里选择"从本机运行全部程序"。

如果没有正确选择"从本机运行全部程序"选项,则在运用 Access 2003 进行开发时,会有一些功能不能使用,当用到这些功能时会显示 Access 2003 的提示,要求安装相关功能,这会给使用带来不便。

3. Access 的启动

启动 Access 的方法和启动 Office 其他应用程序的方法类似,常用的有两种,一种是直接双击桌面上的快捷图标;另外一种是使用"开始"菜单,顺序单击"开始"→"所有程序

"Microsoft Office"→"Microsoft Office Access 2003"即可。

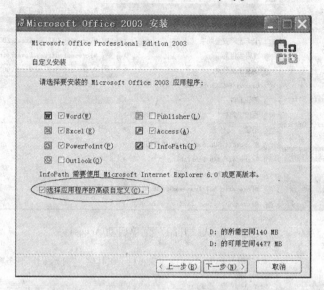

图1-7　需要注意的第一个步骤

图1-8　需要注意的第二个步骤

从"开始"菜单启动Access 2003，如图1-9所示。

1.3.3　Access的窗口环境

启动Access 2003后，即可看到Access 2003的主窗口，如图1-10所示，其中包括标题栏、菜单栏、工具栏、状态栏和"开始工作"任务窗口，它们的功能和操作与Office的其他组件（如Word、Excel）相似。

打开一个已经存在的数据库，可以看到Access 2003的窗口环境，如图1-11所示。

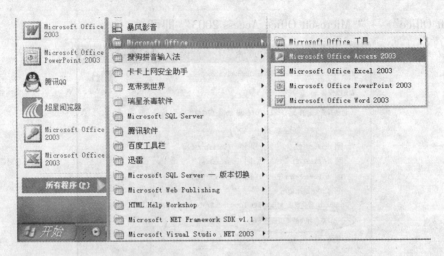

图 1-9　从"开始"菜单启动 Access

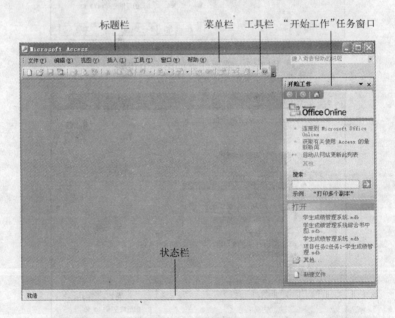

图 1-10　Access 的主窗口

Access 主窗口中包含的窗口称为数据库窗口，数据库窗口是 Access 主窗口中最为常用的一个窗口，它包含当前处理的数据库中的全部对象。

1.3.4　Access 的帮助系统

使用软件中随机附带的帮助系统解决新遇到的技术难题是非常必要的。Office 的帮助系统全面、通俗易懂，使用起来非常方便。

Access 中常用到的帮助有"目录/搜索"和"示例数据库"。

1."目录/搜索"

单击菜单栏中"帮助"菜单下的"Microsoft Office Access 帮助"或者按〈F1〉键，即可启动帮助窗口，如图 1-12 所示。

在"搜索"帮助方式中，可以在"搜索"文本框中输入要搜索的关键字，然后单击文本框右侧的"开始搜索"按钮⊡。则出现"搜索结果"对话框，其中列出所有与搜索主题关键字相关的帮助标题。例如，要了解"函数"的相关信息，可以在"搜索"文本框中输入"函数"，单击"开始搜索"按钮后的搜索结果如图 1-13 所示，单击其中的任何一个标题，可获得该主题的相关帮助信息。

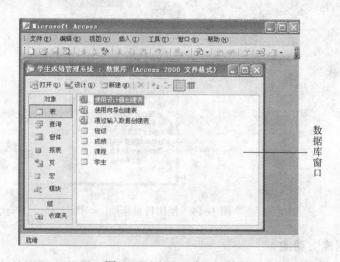

图 1-11　Access 窗口环境

图 1-12　帮助窗口

图 1-13　"函数"的搜索结果

　　使用目录帮助方式的方法是单击图 1-12 中的"目录"超链接。在目录帮助对话框中会出现 Access 帮助的全部主目录，将这些主目录逐级展开可以获得明细目录项，每个明细目录项是一个超链接，单击明细目录项可以得到与这个目录项相关的帮助文字，例如，想获得"函数"的帮助信息，可以从如图 1-14 展开的目录中得到。在使用目录帮助时，应注意目录的图标和明细目录项的图标是不同的。

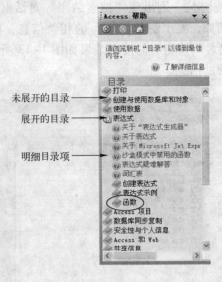

图 1-14　使用目录帮助

2. "示例数据库" 帮助

Access 2003 提供了非常典型和完备的 "示例数据库" 帮助, 可以从中学习用 Access 开发一个数据库应用系统的典型方法和技巧。

单击菜单栏中 "帮助" 菜单下的 "示例数据库", 可以看到 Access 2003 提供了 4 个示例数据库: "地址簿示例数据库"、"联系人示例数据库"、"罗斯文示例数据库"、"家庭财产示例数据库", 如图 1-15 所示。单击任意一个示例数据库, 可以查看该数据库的详细设计。

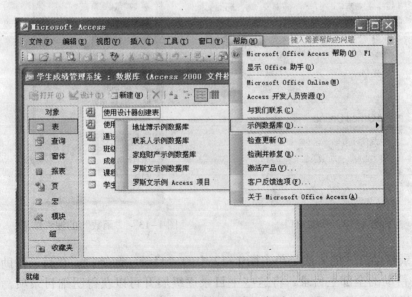

图 1-15　"示例数据库" 帮助

实训

【实训 1-1】　理解和运用关系运算

（1）在如图 1-1 所示的"学生"表中，要想生成一个学生名单，其中包括学生的学号和姓名，需要用到什么运算？运算结果是什么？

（2）在如图 1-1 所示的"学生"表中，要想生成所有计算机应用专业的学生的名单，其中包括学生的学号和姓名，需要用到什么运算？运算结果是什么？

（3）在如图 1-1 所示的"学生"表中，要想显示所有男生的姓名、学号和成绩，需要用到什么运算？运算结果是什么？

【实训 1-2】　认识 Access 2003 的用户界面，练习使用 Access 2003 的帮助系统

（1）用多种方法启动和退出 Access 2003。

（2）用 Access 2003 的帮助系统，查找老师给定一主题的相关信息。

（3）查看、熟悉 Access 2003 的示例数据库。

思考题

1. 数据、数据库、数据库管理系统和数据库系统分别是什么？
2. 数据管理技术大致经历了哪几个阶段？各个阶段的特点是什么？
3. 关系有哪些基本特点？
4. 简单描述 Access 2003 的 4 个示例数据库的功能。

第2章 创建和管理数据库

2.1 创建数据库

在 Access 中创建数据库的步骤可分为两步，第一步是建立用于存放数据库对象的数据库文件，文件的后缀为 .MDB，第二步是根据对数据库中数据需要进行的不同管理操作，建立相应的数据库对象，这些对象都存储在第一步建立的数据库文件中。

数据库中各个对象的建立方法在后续章节中会详细介绍，在这里先了解完成第一步工作的方法。

创建一个 Access 数据库文件的方法有两种，一种是使用"数据库向导"，利用系统提供的模板创建一个数据库，这样创建的数据库往往已经包含了用向导自动创建出来的表、窗体、查询等对象；另外一种是先建立不包含任何对象的空数据库文件，然后向其中添加表、查询、窗体和报表等对象。

和利用 Office 其他组件建立文件一样，用向导的方法会比较方便、快捷，但用建立空数据库的方法会比较灵活。无论哪一种方法，在创建数据库之后，都可以在任何时候打开数据库进行修改。

2.1.1 使用向导创建数据库

【例2-1】 用向导建立一个"联系人"数据库，并把它保存在 D 盘下的"日常生活"文件夹中。

（1）首先运行 Access 2003，然后从"文件"菜单中选择"新建"命令或者单击工具栏上的"新建"按钮。

（2）在图 2-1 所示的"新建文件"任务窗格中单击"本机上的模板"，弹出"模板"对话框。

（3）在"模板"对话框中，单击"数据库"选项卡。该选项卡下列出了本机所有数据库模板，如图 2-2 所示。

（4）单击"联系人管理"模板，然后单击"确定"按钮。出现"文件新建数据库"对话框，在其中确定数据库文件的名称和存放位置，根据本例要求，所做设置如图 2-3 所示。

图 2-1 "新建文件"任务窗格

（5）单击"创建"按钮。弹出数据库向导第一个对话框，如图2-4所示。该对话框中列出了要建立的数据库中将要包含的信息。

（6）单击"下一步"按钮，出现如图 2-5 所示对话框。在对话框的左侧列出了要建立的数据库中包含的表，单击某个表，会在右侧出现该表包含的字段，这些字段分为两种，一种是必选字段，其前的复选框已经是勾选状态，不能去掉；一种是可选字段，用斜体表示，如果要选择这个字段，则勾选其前面的复选框。

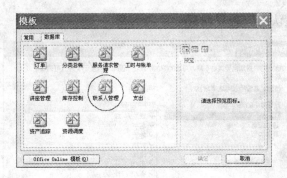

图 2-2 "模板"对话框

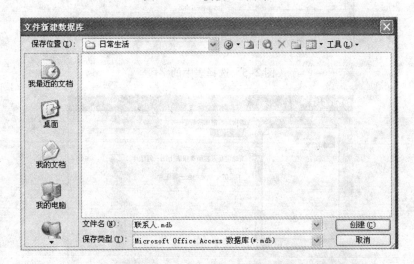

图 2-3 "文件新建数据库"对话框

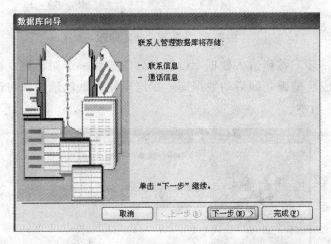

图 2-4 "数据库向导"第一个对话框

（7）在向导的指导下继续单击"下一步"按钮，在接下来的两个对话框中分别选择数据库的屏幕显示样式和打印报表所用样式，然后继续单击"下一步"按钮，出现如图 2-6 所示对话框。

（8）在如图 2-6 所示的对话框中为数据库指定标题。该标题将出现在建立的数据库的切换面板中，这里用默认的标题"联系人管理"。

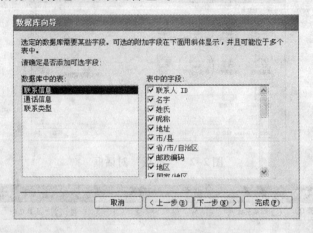

图2-5 选择表中的字段

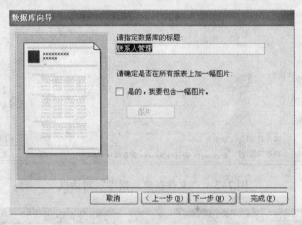

图2-6 为数据库指定标题

（9）单击"下一步"按钮进入数据库设计向导的最后一个对话框。在该对话框中可以选择创建数据库完成后是否立即启动数据库。在这里使用默认选项，勾选"是的，启动该数据库"，如图2-7所示。

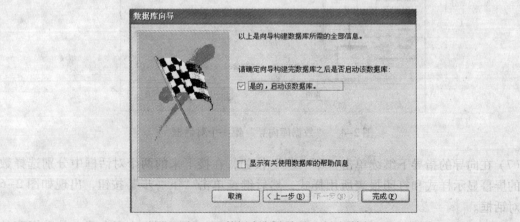

图2-7 数据库向导最后一个对话框

（10）单击"完成"按钮，向导会根据收集的信息，向新数据库中添加相应的表、窗体、报表等对象。完成后会显示数据库运行后的切换面板界面，如图2-8所示。按〈F11〉键，切换到数据库窗口，可以查看在数据库中建立的对象，如图2-9所示为表对象。

图2-8　主切换面板　　　　　　　　　图2-9　数据库窗口中的表对象

至此，用向导实现了"联系人"数据库的创建。可以看出用向导创建数据库很多东西是模板规定好的，在建立的过程当中不能更改，如表、表包含的字段等。这些信息如果不符合使用要求可在数据库完成后再打开进行修改。

2.1.2　创建空数据库

【例2-2】　创建一个空数据库，命名为"我的联系人"，并把它保存在D盘下的"日常生活"文件夹中。

（1）首先运行Access 2003，然后从"文件"菜单中选择"新建"命令或者单击工具栏上的"新建"按钮。

（2）在图2-1所示"新建文件"任务窗格中单击"空数据库"，在出现的"文件新建数据库"对话框中确定文件的名称和存放位置，根据本例要求，所做设置如图2-10所示。

（3）单击"创建"按钮。出现"我的联系人"数据库窗口。

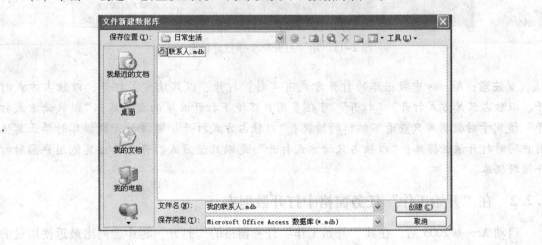

图2-10　"文件新建数据库"对话框

至此，就创建了一个"我的联系人"数据库。不过这个数据库中不包含任何对象，是个空数据库，可以根据需要自己创建数据库对象。在创建数据库时，如果向导模板中没有适合我们使用特点的数据库，一般采用新建空数据库的方法。

2.2 打开数据库

对于已经存在的数据库，要先打开它，然后才能对它进行进一步的操作。打开一个数据库的方法有很多种，最常用的方法有下面几种。

2.2.1 使用"文件"菜单打开数据库

【例2-3】 打开"联系人"数据库。

（1）启动 Access 2003，在"文件"菜单中选择"打开"命令，或者单击工具栏上的"打开"按钮，弹出"打开"对话框，从数据库文件的存放位置选定要打开的数据库文件。

（2）在"打开"对话框中单击"打开"下拉按钮，从下拉列表中选择打开方式。本例的操作如图2-11 所示。

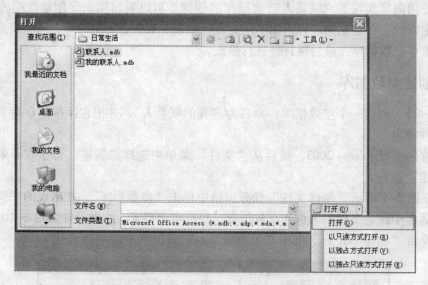

图2-11 用"打开"菜单打开数据库

💡注意：Access 中数据库的打开方式有4 种：打开、以只读方式打开、以独占方式打开、以独占只读方式打开。"打开"可在多用户环境下打开共享的数据库；"以只读方式打开"适用于对数据库只查看不编辑的情况；"以独占方式打开"可在打开数据库时禁止其他用户同时打开该数据库；"以独占只读方式打开"是以只读方式打开并禁止其他用户同时打开该数据库。

2.2.2 在"开始工作"任务窗格中打开数据库

启动 Access 2003 后，在其"开始工作"任务窗格的"打开"栏中会列出最近使用过的数据库文件，如图2-12 所示，可选择需要打开的文件，单击打开。如果想打开的文件不在列表中，可以通过单击列表下的"其他"项选择打开需要的文件。

操作技巧："开始工作"任务窗格中显示的文件的个数是可以设置的。设置的方法是任意打开一个数据库文件后，单击"工具"菜单中的"选项"菜单项。在弹出的"选项"对话框中选择"常规"选项卡，出现如图2-13所示界面，界面中"最近使用的文件列表"后的数字就是任务窗格中列出的最近使用的文件的个数，可将其设置成需要的值，然后单击"应用"按钮即可。

图2-12　用任务窗格打开数据库

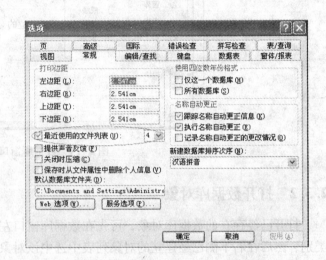

图2-13　修改"最近使用的文件列表"

2.2.3　直接双击打开数据库

在计算机中找到需要打开的数据库文件，双击该文件即可启动Access 2003并将该数据库文件直接打开。

2.3　认识和管理数据库对象

Access中有多种对象。在数据库系统的开发过程当中，会创建很多具体的对象。若不能很好地管理这些具体对象，开发过程就会显得很凌乱，没有头绪，同时也会加大工作量。因此，需要对这些对象进行管理。

数据库对象的管理包括数据库对象的打开、复制、删除、重命名和保存。

2.3.1　认识数据库对象

Access 2003的数据库对象有7种，分别是表、查询、窗体、报表、页、宏和模块。这些对象的作用和对它们的具体操作方法会在后面的章节中陆续介绍。这里先简单认识一下这些对象。

打开一个数据库，会出现如图2-14所示的数据库窗口，在这个窗口的左侧列出了Access 2003的所有对象。单击某个对象，右侧会出现这个对象的相关信息，这些信息主要包括对这个对象的常用操作和已经建立起来的此类对象。图2-14便是选中"表"对象后的界面，即在左侧的"表"对象处于选中状态，右侧出现表的常用操作和已经建立的表对象。

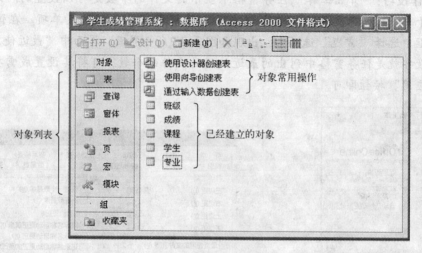

图2-14 数据库窗口

2.3.2 打开数据库对象

打开已经存在的数据库对象，可先在数据库窗口左侧对象列表中选中该对象对应的对象类别，然后在右下侧已经建立的对象列表中选中该对象，双击该对象或单击数据库窗口中的"打开"按钮打开。

【例2-4】 在"学生成绩管理系统"中，打开窗体"学生成绩"，查看学生的成绩。

（1）打开"学生成绩管理系统"，在数据库窗口的"对象"列表中选择"窗体"对象，如图2-15所示。

（2）在数据库窗口已经建立的对象列表中双击"学生成绩"窗体，将其打开，打开的窗体如图2-16所示。

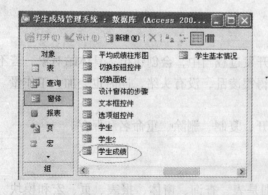

图2-15 选中"窗体"对象的数据库窗口

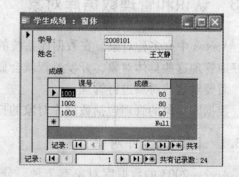

图2-16 打开的窗体对象

2.3.3 复制数据库对象

可以用复制的方法为数据库对象建立副本。

【例2-5】 在"联系人"数据库中复制报表"每周通话摘要",为其建立副本。

(1) 打开"联系人"数据库,选择对象列表中的"报表"。

(2) 右键单击"每周通话摘要"报表,在弹出的快捷菜单中选择"复制"命令。

(3) 在数据库窗口空白处单击鼠标右键,在弹出的快捷菜单中选择"粘贴"命令,弹出"粘贴为"对话框。

(4) 在"报表名称"中输入"每周通话摘要备份",如图2-17所示。

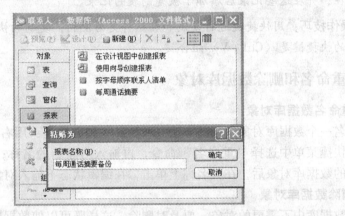

图2-17 "粘贴为"对话框

(5) 单击"确定"按钮,在报表对象中就会出现"每周通话摘要备份"报表,其内容和"每周通话摘要"完全一样。

还可以在两个Access数据库之间复制对象。

【例2-6】 复制"联系人"数据库的"通话"表到"我的联系人"数据库中。

(1) 打开"联系人"数据库,选择对象列表中的"表"。右键单击"通话"表,在弹出的快捷菜单中选择"复制"命令。

(2) 打开"我的联系人"数据库,选择对象列表中的"表"。在数据库窗口的空白处单击鼠标右键,在弹出的快捷菜单中选择"粘贴"命令,出现"粘贴表方式"对话框。

(3) 在"表名称"中输入要保存的表的名称,这里仍用"通话",选择粘贴方式后单击"确定"按钮,如图2-18所示。

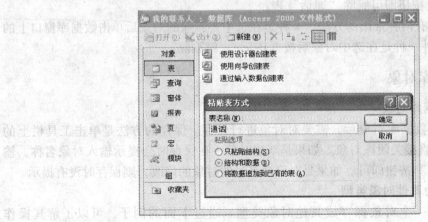

图2-18 "粘贴表方式"对话框

💡**注意**："粘贴表方式"对话框中的粘贴选项中共有 3 个选项。"只粘贴结构"表示只粘贴表的结构而不粘贴原表中的数据，即粘贴后的表和被复制的表结构相同，但是不包含任何记录的空表；"结构和数据"表示粘贴后的表和被复制的表结构相同，数据记录也相同；"将数据追加到已有的表"表示将被复制表中的全部数据追加到目标表中，用此选项时要求目标表必须已经存在并且和被复制表的结构完全相同，复制的结果是目标表中原有的数据记录依然存在，并在这些记录后添加了被复制表的记录。

💡**操作技巧**：用快捷键进行复制和粘贴将更为便利，复制的快捷键是〈Ctrl + C〉组合键，粘贴的快捷键是〈Ctrl + V〉组合键。

2.3.4 重命名和删除数据库对象

1. 重命名数据库对象

重命名一个数据库对象常用的方法有两种。一种方法是：用右键单击要重命名的对象，在弹出的快捷菜单中选择"重命名"命令，再输入对象新的名称；另外一种方法是：选中要重命名的数据库对象后，在其名称上单击，在编辑状态下输入对象的新名称。

2. 删除数据库对象

对于数据库中不需要的对象，要及时删除，这样既可以使数据库显得简洁，又可以释放该对象所占用的空间。

【例 2-7】 删除"我的联系人"数据库中的"通话"表。

（1）打开"我的联系人"数据库，选择对象列表中的"表"。

（2）右键单击"通话"表，在弹出的快捷菜单中选择"删除"命令，弹出如图 2-19 所示的要求确认删除的对话框。

图 2-19 "确认删除"对话框

（3）单击"是"按钮即可删除"通话"表。

删除一个对象还有两种常用的方法，一种是在选中要删除的对象后单击数据库窗口上的"删除"按钮✗，另外一种是在选中对象后按〈Delete〉键删除。

2.3.5 保存数据库对象

1. 直接保存数据库对象

新建或修改一个数据库对象后，需要对对象进行保存。保存的方法是单击工具栏上的"保存"按钮🖫，或直接关闭该对象。如果是新建对象，在保存时会提示输入对象名称，输入名称后单击"确定"按钮即可。如果是对已命名过的对象的修改，则保存时没有提示。

2. 把对象保存为其他对象类型

Access 中可以把一个对象保存成其他对象类型。通过下面的例子，可以了解其操作过程。

【例2-8】 把"学生成绩管理系统"数据库中的"学生"表保存为报表类型。

（1）打开"学生成绩管理系统"数据库，选择对象列表中的"表"。

（2）右键单击"学生"表，在弹出的快捷菜单中选择"另存为"命令，弹出如图2-20所示的"另存为"对话框。

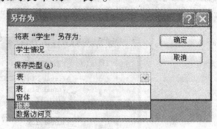

（3）打开"保存类型"下拉列表框，可以看到表对象可以保存为的对象类型，在这里选择"报表"类型，并给报表起名为"学生情况"。

（4）单击"确定"按钮，选择对象列表中的"报表"，即可看到刚生成的"学生情况"报表。

图2-20　"另存为"对话框

💡注意：一个数据库对象并不是能保存成其他任何类型的对象，从图2-20可以看出"表"对象只能保存成"表"、"窗体"、"报表"或"数据访问页"，而不能保存成"查询"对象。具体一个对象能保存成其他何种类型的对象，可从保存类型的下拉列表框中查看。

2.4 管理数据库

2.4.1 压缩和修复数据库

使用数据库的过程中会不断添加、删除、修改数据和各种对象。时间久了，数据库文件在磁盘上的存储就会变得不连续，降低磁盘利用率。为了保证数据库的最佳性能，应定期压缩和修复数据库文件。

【例2-9】 压缩和修复"学生成绩管理系统"数据库。

（1）启动Access。

（2）选择"工具"菜单中"数据库实用工具"子菜单下的"压缩数据库来源"命令，打开"压缩数据库来源"对话框，在该对话框中选中"学生成绩管理系统"，如图2-21所示。

图2-21　"压缩数据库来源"对话框

（3）单击"压缩数据库来源"对话框中的"压缩"按钮，出现如图2-22所示的"将数据库压缩为"对话框，在该对话框中输入一个文件名作为压缩后的新数据库的文件名，在这里输入"学生成绩管理系统压缩"。

图2-22   "将数据库压缩为"对话框

（4）单击"保存"按钮，系统就会对原来的数据库文件压缩并存储为一个新的数据库文件。

💡注意：如果一个数据库处于打开状态，选择"工具"菜单中"数据库实用工具"子菜单下的"压缩和修复数据库"命令，将对当前数据库自动进行压缩。此时不会出现上述两个对话框，命令执行后在前台看来数据库没有任何变化，但是已经在后台对数据库文件进行了压缩和修复操作，删除了没用的数据信息，使数据库所占的磁盘空间减小。

🖱操作技巧：可以将一个数据库设置为在每次关闭数据库时自动执行压缩和修复功能。设置方法是单击"工具"菜单中的"选项"命令，打开"选项"对话框。在"选项"对话框的"常规"选项卡中，选中"关闭时压缩"复选框，如图2-23所示。

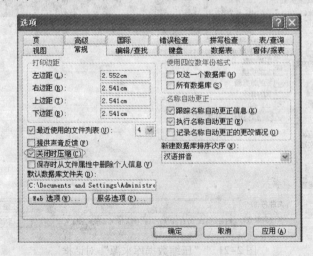

图2-23   在"选项"对话框中设置自动压缩

2.4.2　转换数据库

Access 2003 支持 Access 2002 – 2003 和 Access 2000 文件格式。从前面打开的数据库窗口（如图 2–18 所示）可以看出利用 Access 2003 创建的数据库的默认格式都是 Access 2000 文件格式。在 Access 2003 环境中，可以实现 Access 2002 – 2003、Access 2000 和 Access 97 文件格式之间的转换。

【例 2–10】　将 Access 2000 文件格式的"联系人"数据库转换成 Access 2002 – 2003 文件格式。

（1）打开"联系人"数据库，在数据库窗口会看到当前文件的格式为 Access 2000。

（2）选择"工具"→"数据库实用工具"→"转换数据库"→"转换为 Access 2002 – 2003 文件格式"命令，打开"将数据库转换为"对话框，在该对话框中指定转换后的数据库的名称（本例为"联系人 2003"）和保存位置，如图 2–24 所示。

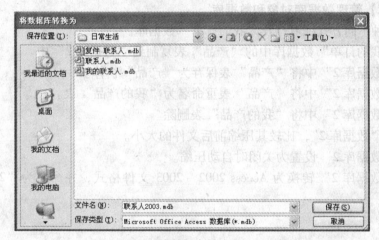

图 2–24　"将数据库转换为"对话框

（3）单击"保存"按钮，系统会在指定位置创建当前数据库的 Access 2002 – 2003 文件格式版本。

打开"联系人 2003. mdb"，可以看到其数据库窗口的标题栏上已注明了"Access 2002 – 2003 文件格式"，如图 2–25 所示。

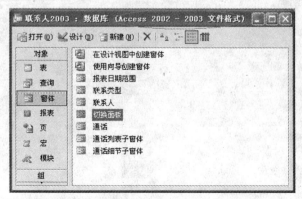

图 2–25　Access 2002 – 2003 文件格式数据库窗口

💡**注意:** 在 Access 2003 环境下可以打开和使用 Access 2000 文件格式的数据库,但在 Access 2000 中无法打开 Access 2003 文件格式的数据库。

实训

【实训 2-1】 用不同的方法创建数据库

(1) 使用 "订单" 模板,用向导创建数据库,命名为 "我的订单"。

(2) 练习向数据库的 "产品" 表中输入内容。

(3) 查看各个对象里的内容,并浏览其数据。

(4) 新建一个空数据库,命名为 "数据库 1"。

(5) 将 "数据库 1" 更名为 "数据库 2"。

(6) 体会两种创建数据库方法的优缺点,各个方法适用的情况。

【实训 2-2】 管理数据库对象和数据库

(1) 以两种不同方式练习打开 "我的订单" 数据库。

(2) 将 "我的订单" 数据库中的 "产品" 表复制到 "数据库 2" 中。

(3) 在 "数据库 2" 中将 "产品" 表保存为 "产品" 窗体。

(4) 在 "数据库 2" 中将 "产品" 表重命名为 "我的产品" 表。

(5) 在 "数据库 2" 中将 "我的产品" 表删除。

(6) 压缩 "数据库 2",比较其压缩前后文件的大小。

(7) 将 "数据库 2" 设置为关闭时自动压缩。

(8) 将 "数据库 2" 转换为 Access 2002 – 2003 文件格式,并命名为 "2003 格式数据库"。

思考题

1. Access 数据库文件的后缀是什么? Access 数据库文件和其中的对象有什么关系?

2. Access 中的 7 种对象分别是什么?

3. 打开一个数据库的方法有哪些?

第 3 章　创建和管理表对象

3.1　表的结构和表的数据

表是 Access 数据库中最基本的对象，用于存储基本的数据信息。每个数据库系统都要包含至少一个表，每个表中存储的信息既相对完整、独立又相互联系。

在日常生活中建立一个表格时，首先要根据实际需要确定表格中应该有哪些列，每个列要存放什么类型的信息，预留多大的宽度，这就是对表结构的考虑。在确定了表结构后，就建立起一个还不包含任何数据信息的空表，然后再向表中输入数据记录。和日常建立表格相似，Access 的表对象也可以看做是由两部分构成：表的结构和表的数据。建立一个表，通常也是先确定表的结构，再向表中输入记录。

3.1.1　确定表的结构

Access 中的一个表即一个关系，是由具有相同字段的所有记录构成的集合。确定表的结构，就是要确定表中要包含的字段，主要包括字段的字段名、字段的数据类型以及字段的属性。字段的数据类型用于指定该字段中所要存储的数据的类型，字段的属性用于对该字段中要存储的数据进行进一步的限制。表结构的设计可以用表设计器完成。

【例 3-1】　在 "我的联系人" 数据库中建立一个 "通讯录" 表，包括 "联系人 ID"、"姓名"、"电话号码"、"电子信箱"。

（1）打开第 2 章建立的空数据库 "我的联系人"，在数据库窗口对象列表中选择 "表" 对象。

（2）双击数据库窗口中的 "使用设计器创建表" 选项，打开表设计器。

（3）在设计器窗口中的 "字段名称" 列输入要求的字段名称 "联系人 ID"，在 "数据类型" 下拉列表中选择其数据类型为 "自动编号"。

（4）依照（3）的方法分别设置 "姓名"、"电话号码" 和 "电子信箱" 字段，设置后的设计器窗口如图 3-1 所示。

（5）单击工具栏上的 "保存" 按钮 ，出现 "另存为" 对话框，给新建立的表起名为 "通讯录"，如图 3-2 所示。

（6）单击 "确定" 按钮，会出现提示建立主键的对话框，如图 3-3 所示，单击 "是" 按钮，系统会自动把 "联系人 ID" 字段设为主键。

至此，就完成了 "通讯录" 表表结构的设置，也可以说建立了一个数据记录为空的 "通讯录" 表。在数据库窗口中会看到 "通讯录" 表出现在已建立的表对象列表中。双击打开 "通讯录" 表，可以看到只确定了结构而不包含任何数据记录的表，如图 3-4 所示。

在设计器中设计表结构时，除了字段名和字段类型，很多时候还需要对字段其他方面的属性进行限制，例如，限制电子信箱列的格式必须是合法的信箱格式，限制电话号码必须是

13 位以下数字等，这些限制可以在如图 3-1 所示的设计器下方的"字段属性"中进行设置，详细的设置方法会在 3.3 节中介绍。

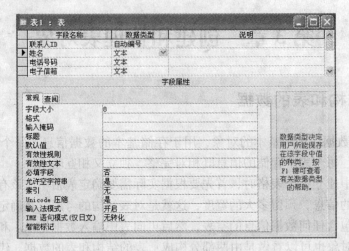

图 3-1　在设计器中设计"通讯录"表

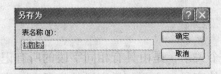

图 3-2　保存"通讯录"表

图 3-3　建立主键提示

图 3-4　打开"通讯录"表

3.1.2　向表中输入数据

确定和建立表的结构后就可以向表中输入数据记录了，输入数据记录后的表才是一个完整、实用的表。

【例 3-2】　在"通讯录"表中输入记录。

（1）在"我的联系人"数据库窗口对象列表中选择"表"对象，双击"通讯录"表，出现如图 3-4 所示的窗口。

（2）把光标定位到字段名下的空行中，依次输入数据内容。

💡注意："联系人 ID"为自动编号类型，这种类型字段的数据不用人工输入，系统会自动向该字段中填充数据。

（3）输入完成后关闭数据表，Access 会自动保存对记录的修改。

录入两条记录后，双击"通讯录"表，可浏览表中的记录，如图 3-5 所示。

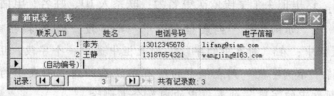

图 3-5　包含数据的"通讯录"表

🖱操作技巧：表有多种视图，在"数据表视图"中可以浏览和修改表的数据记录，如图 3-5 所示即为表在数据表视图中。在"设计视图"中可以查看和修改表的结构，如图 3-1 所示即为表在设计视图中。利用工具栏上的"视图"按钮 🔧▪ 可以方便地在两个视图间转换，从而方便地在结构和数据的操作界面间转换。

3.2　创建新表的方法

Access 提供了多种创建表的方法，可以用向导提供的模板中已有的表结构快速建立表格；也可以先输入数据，然后根据已输入的数据确定表格的结构，从而完成一张表格的制定；还可以用设计器完全按照自己的意愿建立一张表格。

3.2.1　用向导创建表

Access 表向导提供了对多种类型表结构的支持，用户只需选择合适的表模板，对模板中已有的字段选择取舍即可。

【例 3-3】　用向导建立例 3-1 要求的通讯录，命名为"通讯录 1"。

（1）打开"我的联系人"数据库，在数据库窗口对象列表中选择"表"对象。

（2）双击数据库窗口中的"使用向导创建表"选项，打开"表向导"对话框，如图 3-6 所示。

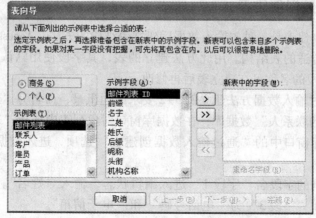

图 3-6　"表向导"对话框

（3）在图 3-6 中可以看到 Access 中的表模板，这里选择"商务"类别中的"邮件列表"。

（4）使用"添加"按钮 $\boxed{>}$ ，从"示例字段"列表框中为新表选择字段，本例中选用 4 个字段：邮件列表 ID、名字、移动电话、电子邮件地址。新表中的字段利用"重命名字段"按钮可以重新命名。这里把 4 个字段依次更名为：联系人 ID、姓名、电话号码、电子信箱。

操作技巧：在"示例字段"列表框中选中一个字段，用 $\boxed{>}$ 按钮可将其添加到"新表中的字段"列表框中；在"新表中的字段"列表框中选中一个字段，用 $\boxed{<}$ 按钮可将其删除；用 $\boxed{>>}$ 按钮可将"示例字段"列表框中的所有字段添加到"新表中的字段"列表框中；用 $\boxed{<<}$ 按钮可将"新表中的字段"列表框中的内容全部删除。

（5）单击"下一步"按钮。在如图 3-7 所示的"表向导"对话框中输入表的名称，并确定是否用表向导设置一个主键，然后单击"完成"按钮完成表的设计。

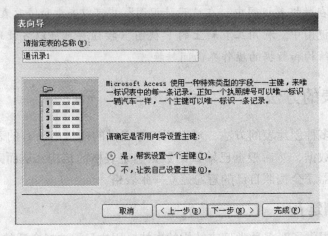

图 3-7　表名称和主键设定

注意：在（5）中也可以单击"下一步"按钮，继续根据向导的提示一步步设计。

按上述步骤设计完成后进入表的设计视图，界面和图 3-1 相同。至此就用向导的方法创建了一个空表格，在此表格的数据表视图中可以输入数据。

3.2.2　通过输入数据创建表

通过输入数据创建表是一种先输入数据后建立表结构的方法，Access 会自动根据表中输入的数据建立一个合适的表结构。用此方法建立的表，其字段使用默认的字段名（字段 1，字段 2，……），字段的名称可在建立表后再修改。

【例 3-4】　通过输入数据方法建立例 3-2 要求的通讯录，命名为"通讯录 2"。

（1）打开"我的联系人"数据库，在数据库窗口对象列表中选择"表"对象。

（2）双击数据库窗口中的"通过输入数据创建表"选项，进入数据表视图，如图 3-8 所示。

（3）双击第一列的字段名"字段 1"进入编辑状态，输入"姓名"。以同样的方法，分别修改"字段 2"和"字段 3"为"电话号码"和"电子信箱"。

图 3-8　数据表视图

💡注意：用输入数据的方法创建表时可以先不输入自动编号类型的数据，因为 Access 可以向表中自动添加自动编号类型的字段，并向字段中填充相应的值。

（4）把光标定位到字段名下的空行中输入数据，一行为一条记录。

（5）输入完成后，单击工具栏上的"保存"按钮，在弹出的"另存为"对话框中输入表名"通讯录2"，然后单击"确定"按钮。这时，系统会弹出对话框询问是否自动为该表添加主键，单击"是"按钮，表中将自动增加一列自动编号数据，并指定为主键，如图3-9所示。

图 3-9　自动添加主键后的表

（6）双击第一个字段名称"编号"，更改为"联系人 ID"。所建立的表即为要求的表格。

3.2.3　使用设计器创建表

使用向导和输入数据方法创建表较为快捷，但建成的表格的结构往往不能完全符合实用要求，需要在设计视图中再进行修改。使用设计器创建表是创建表时最常用，也是定制能力最强的方法。

【例3-5】　在"学生成绩管理系统"中建立"学生"表，其中包括的字段有"学号"、"姓名"、"性别"、"出生年月"、"班级编号"、"政治面貌"、"家庭住址"、"邮政编码"、"remarks"（用来存放描述学生特点的文本）。

（1）打开"学生成绩管理系统"数据库，在数据库窗口对象列表中选择"表"对象。

（2）双击数据库窗口中的"使用设计器创建表"选项，打开表设计器。

（3）在设计器窗口中的"字段名称"列输入要求的字段名称"学号"，在"数据类型"下拉列表中选择其数据类型为"文本"。

（4）依照（3）中的方法分别设置其余的字段，设置后表的设计视图如图3-10所示。

（5）所有字段设置完成后单击"保存"按钮，在"另存为"对话框中为表起名为"学生"，单击"确定"按钮保存。

29

这里再来认识一下表的设计视图。从图 3-10 可以看出，表的设计视图分为上下两部分，上半部分用于设计表的字段名称、字段的数据类型和说明。字段的说明是数据库设计者为便于了解字段含义标注的一些说明性文字，不会对数据库的运行有任何实质性的影响。下半部分为字段属性部分，用于设置当前字段的属性。在设计视图的右下角是对当前光标所在位置的内容的帮助性说明。

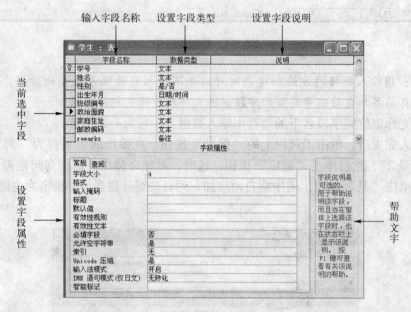

图 3-10 "学生"表的设计视图

操作技巧：在设计视图下使用帮助功能非常方便。如果想获得设计视图中某内容的详细帮助信息，可以先把光标定位在该内容上，然后按〈F1〉键。

用设计器创建表结构时需要对字段的 3 个方面进行设置。

（1）设置字段名称：数据表中的每个字段都需要一个和其他字段不重复的名称。字段名称最大长度为 64 个字符，可以包含字母、数字和空格，但不能以空格开头。为字段起名时应注意名称既要能代表字段的含义又要简单明了，这样既易于记忆又便于引用。

（2）设置字段类型：数据类型决定了用户能保存到字段中的数据的种类。Access 提供了10 种数据类型，表 3-1 列出了各种数据类型的用法和存储空间大小。

表 3-1 Access 数据类型

数据类型	用法	举例	存储空间大小
文本	用来存储文本数据	姓名、地址、电话等字符串	最长为 255 个字符
备注	用于存储长文本	简历、说明等	最长可达 65535 个字符
数字	用于存储需要计算的数值数据	成绩、年龄	1、2、4、8、12 或 16B
日期/时间	用于存储日期和时间数据	出生日期、入学时间	8B
货币	用于存储货币数字	工资、奖金	8B

数据类型	用　法	举　例	存储空间大小
自动编号	在添加记录时自动插入的不重复的序号	自动输入且不重复的记录 ID	4B
是/否	用于存储只有两种情况的数据	性别、婚否	1bit
OLE 对象	用于存储各种类型的数据文件	Excel 工作表、Word 文档、声音、图片	最多 1GB
超级链接	用于存储超级链接	http://www.baidu.com	可包含 3 部分，每部分最多 2048 个字符
查阅向导	可从列表框或组合框中选择输入数据	在性别字段中选择输入男、女	4bit

（3）设置字段属性：字段属性的设置可以实现对字段更精确地控制，使表的结构更为严谨。上面所举的例子还没有进行这一步的设置，关于字段属性的详细介绍请参看 3.3 节。

📌 操作技巧：在数据库窗口对象列表中选择"表"对象，在数据库窗口工具栏上单击"新建"按钮 ⬚新建(Ｎ)，在弹出的"新建表"对话框（如图 3-11 所示）中也可以选择上述的 3 种方式之一创建表。

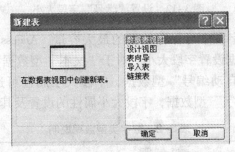

图 3-11　"新建表"对话框

3.3　设置字段属性

运用前面学习的知识可以建立一个简单的表。实际应用当中的表对各个字段往往有更严格的要求，例如，邮政编码必须是 6 位的数字，课程成绩必须大于等于 0 且小于等于 100 等。要满足这些特殊的要求，需要在设计视图中对字段的字段属性进行设置。

从图 3-10 可以看出字段有很多属性，并且字段的数据类型不同，其拥有的属性也不同。本节将挑选一些常用的字段属性的设置进行介绍，其他的属性设置可以通过在设计视图中使用帮助了解。

3.3.1　设置字段大小

【例 3-6】　设置"学生"表"学号"字段大小为"8"。
方法如下。
在设计视图中选中"学号"字段，然后在该字段的"字段大小"属性中输入"8"，如

图 3-12 所示。

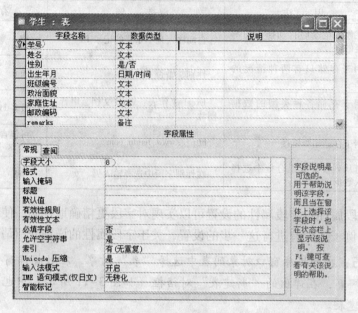

图 3-12　设置"学号"字段大小

字段大小属性可定义字段中可保存数据的最大容量。Access 中可以对"文本"、"数字"、"自动编号"类的数据设置字段大小。对于"文本"型数据，可输入 0~255 之间的数字，默认值为 50；对于"自动编号"型数据，字段大小属性可选择输入为"长整型"或"同步复制 ID"；对于"数字"型数据，字段大小属性的设置及其含义见表 3-2。

表 3-2　数字类型数据说明

类型	说　　明	小数位数	存储量大小
字节	保存 0~225（无小数位）的数字	无	1B
小数	存储 $-10^{38}-1$~$10^{38}-1$ 范围的数字（. adp） 存储 $-10^{28}-1$~$10^{28}-1$ 范围的数字（. mdb）	28	12B
整型	保存 -32768~225（无小数位）的数字	无	2B
长整型	（默认值）保存 -2147483648~2147483647（无小数位）的数字	无	4B
单精度	保存 $-3.402823E38$~$-1.401298E-45$ 的负值，$1.401298E-45$~$3.402823E38$ 的正值	7	4B
双精度	保存 $-1.79769313486231E308$~$-4.94065645841247E-324$ 的负值，以及 $4.94065645841247E-324$~$1.79769313486231E308$ 的正值	15	8B

3.3.2　设置字段格式

格式属性可以定义数据的显示方式，可以对"文本"、"数字"、"时间/日期"、"备注"和"是/否"型数据设置格式属性。设置格式属性时可以使用预定义的格式，也可以使用格式符号创建自定义格式，对于不同的数据类型，设置自定义格式的方法不同。下面分别进行说明。

1. "日期/时间"数据类型格式设置

【例3-7】 设置"学生"表"出生年月"字段格式，使之以"85年3月1日"的格式显示数据。

方法如下。

在设计视图中选中"出生年月"字段，然后在该字段的"格式"属性中输入"yy \ 年 m \ 月 d \ 日"，如图3-13所示。

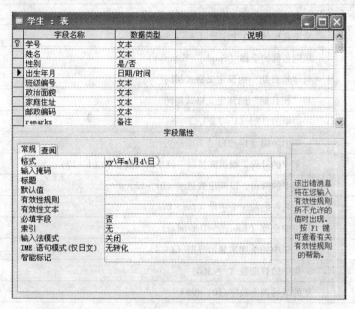

图3-13 设置"出生年月"字段格式

"日期/时间"型数据的格式可以用预定义格式，方法是选中要设置格式的字段后，单击"格式"属性后的下拉按钮，从下拉列表中可以看到日期的预定义格式及其示例，如图3-14所示，选择需要的格式即可。如果预定义格式中没有符合要求的格式，就需要在格式属性中输入自定义格式，如图3-13就是使用的自定义格式。

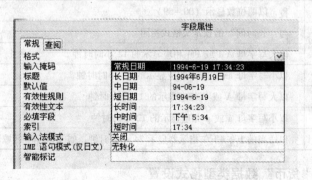

图3-14 "日期/时间"型数据的预定义格式

创建自定义日期及时间格式可以使用表3-3中的符号。

表 3-3 "日期/时间"型数据自定义格式符号

符号	说 明
：（冒号）	时间分隔符
/	日期分隔符
c	与"常规日期"的预定义格式相同
d	一个月中的日期，根据需要以一位或两位数显示（1~31）
dd	一个月中的日期，用两位数字显示（01~31）
ddd	星期名称的前 3 个字母（Sun~Sat）
dddd	星期名称的全称（Sunday~Saturday）
ddddd	与"短日期"的预定义格式相同
dddddd	与"长日期"的预定义格式相同
w	一周中的日期（1~7）
ww	一年中的周（1~53）
m	一年中的月份，根据需要以一位或两位数显示（1~12）
mm	一年中的月份，以两位数显示（01~12）
mmm	月份名称的前 3 个字母（Jan~Dec）
mmmm	月份的全称（January~December）
q	以一年中的季度来显示日期（1~4）
y	一年中的日期数（1~366）
yy	年的最后两个数字（01~99）
yyyy	完整的年（0100~9999）
h	小时，根据需要以一位或两位数显示（0~23）
hh	小时，以两位数显示（00~23）
n	分钟，根据需要以一位或两位数显示（0~59）
nn	分钟，以两位数显示（00~59）
s	秒，根据需要以一位或两位数显示（0~59）
ss	秒，以两位数显示（00~59）
ttttt	与"长时间"的预定义格式相同
AM/PM	以大写字母 AM 或 PM 相应显示的 12 小时时钟
am/pm	以小写字母 am 或 pm 相应显示的 12 小时时钟
A/P	以大写字母 A 或 P 相应显示的 12 小时时钟
a/p	以小写字母 a 或 p 相应显示的 12 小时时钟
AMPM	以适当的上午/下午指示器显示 24 小时时钟，如 Windows 区域设置中所定义

2. "数字"和"货币"数据类型格式设置

"数字"型数据的格式可以用预定义格式，方法是选中要设置格式的数字型字段后，单击"格式"属性后的下拉按钮，从下拉列表中可以看到"数字"型数据的预定义格式及其示例。

自定义的数字格式可以分为 4 节，节间用分号（；）作为分隔符，每一节是对不同类型数字的格式设置，如表 3-4 所示。设置时如果使用了多个节，但并没有为每个节指定一个格式，则未指定格式的项将不会显示任何内容，或将第一节的格式设置作为默认值。

表 3-4   "数字"类型数据自定义格式

节	第一节	第二节	第三节	第四节
说明	正数的格式	负数的格式	零值的格式	Null 值的格式

创建自定义的"数字"格式可以使用表 3-5 中的符号。

表 3-5   "数字"和"货币"型数据自定义格式符号

符号	说　　明
. （英文句号）	小数分隔符，分隔符在 Windows 区域设置中设置
, （英文逗号）	千位分隔符
0	数字占位符，显示一个数字或 0
#	数字占位符，显示一个数字或不显示
$	显示原义字符"$"
%	百分比，数字将乘以 100，并附加一个百分比符号
E - 或 e -	科学记数法，在负数指数后面加上一个减号（-），在正数指数后不加符号，该符号必须与其他符号一起使用，如 0.00E - 00 或 0.00E00
E + 或 e +	科学记数法，在负数指数后面加上一个减号（-），在正数指数后面加上一个正号（+），该符号必须与其他符号一起使用，如 0.00E + 00

表 3-6 是一些"数字"型数据自定义格式的示例。

表 3-6   "数字"和"货币"型数据自定义格式示例

设置	说　　明
0；(0)；；"Null"	按常用方式显示正数；负数在圆括号中显示；如果值为 Null 则显示"Null"
+0.0；-0.0；0.0	在正数或负数之前显示正号（+）或负号（-）；如果数值为零则显示 0.0

3. "文本"和"备注"数据类型格式设置

【例 3-8】 设置"学生"表"remarks"字段格式，如果有数据输入时正常显示输入数据，如果没有输入数据时显示"暂无相关内容"。

方法如下。

在设计视图中选中"remarks"字段，然后在该字段的"格式"属性中输入自定义格式"@；"暂无相关内容""。

转换到数据表视图，可以看到要求的显示效果。

"文本"和"备注"字段的自定义格式最多有两个节，节间用分号（；）作为分隔符，每节是对字段中不同数据的格式指定，见表 3-7。

表 3-7   "文本"和"备注"类型数据自定义格式

节	说　　明
第一节	有文本的字段的格式
第二节	有零长度字符串及 Null 值的字段的格式

创建自定义的"文本"和"备注"格式时可以使用表3-8中的符号。例3-8就是使用"备注"型自定义格式的示例。

表3-8 "文本"和"备注"类型数据自定义符号

符 号	说 明
@	要求文本字符（字符或空格）
&	不要求文本字符
<	强制所有字符为小写
>	强制所有字符为大写

4. "是/否"数据类型格式设置

"是/否"数据类型可以设置为预定义格式。选中要设置格式的"是/否"型字段后，单击"格式"属性后的下拉按钮，从中可以看到"是/否"型数据的预定义格式有3种，分别是"真/假"、"是/否"、"开/关"。其中"是"、"真"和"开"是等效的，"否"、"假"和"关"也是等效的。

"是/否"型数据的显示形式还受到"查阅"选项卡中的"显示控件"属性的限制。默认情况下，"复选框"类型的控件是"是/否"数据类型的默认控件。当使用复选框时，将忽略预定义及自定义的格式。例如，"性别"字段在"显示控件"属性使用"复选框"时，无论在格式中进行何种设置，在数据表视图中性别字段的数据都显示为复选框的形式，如图3-15所示。打勾的表示"是"或"真"或"开"，在这里代表性别"男"；不打勾的表示"否"或"假"或"关"，在这里代表性别"女"。

图3-15 "性别"显示为复选框形式

格式设置适用于当"查阅"选项卡中的"显示控件"属性设置为"文本框"的时候。如图3-16所示，当"显示控件"属性设置为"文本框"的时候，如果在格式中设置的是"是/否"，数据表视图中性别将显示"yes"和"no"；如果在格式中设置的是"真/假"，数据表视图中性别将显示"true"和"false"，如果在格式中设置的是"开/关"，数据表视图中性别将显示"on"和"off"。

"是/否"型数据的自定义格式包括3个节，节间用分号（;）作为分隔符。每节的作用见表3-9。

表3-9 "是/否"型数据自定义格式

节	说 明
第一节	该节不影响"是/否"数据类型，但需要有一个分号（;）作为占位符
第二节	在"是"、"真"或"开"值的位置要显示的文本
第三节	在"否"、"假"或"关"值的位置要显示的文本

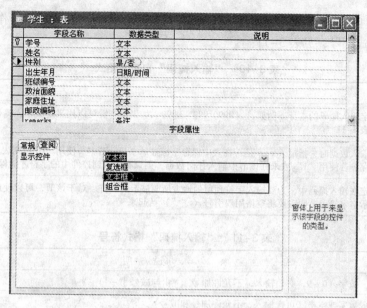

图3-16   "显示控件"属性设置

无论显示样式是什么，"是/否"型字段在数据表视图中输入数据时只接受数字或"yes"、"no"、"true"、"false"、"on"、"off"中的一个，如果输入数字，"0"表示"假"，"非0"数字表示"真"。

【例3-9】 设置"学生"表"性别"字段格式，当输入"0"时显示"女"，输入"非0"数据时显示"男"。

方法如下。

在设计视图中选中"性别"字段，然后在该字段的"格式"属性中输入自定义格式"；\男；\女"，并且将"查阅"选项卡的"显示控件"属性设置为"文本框"。

转换到数据表视图，可以输入数据检验设置效果。

💡注意：属性设置中的所有标点符号均为英文符号。在有中英文混合输入时，很容易错误地输入中文标点。

3.3.3　设置输入掩码

"输入掩码"定义数据的输入模式。使用"输入掩码"属性可以使数据输入更容易，并且可以控制用户在文本框类型的控件中输入的值。文本型、日期型、数字型和货币型都可以使用"输入掩码"。

【例3-10】 设置"学生"表"邮政编码"字段属性，使之只能输入6位的数字。

方法如下。

在设计视图中选中"邮政编码"字段，然后在该字段的"输入掩码"属性中输入"000000"。

转换到数据表视图，可以验证输入效果。

🖱操作技巧：当把光标定位到"输入掩码"属性时，在属性框右边会出现一个▣按钮，单击它可以打开输入掩码向导，快速设置常用的输入掩码格式。

输入掩码的自定义格式最多可包括 3 个用分号（；）间隔的节，每节的作用见表 3-10。
"输入掩码"格式符号，见表 3-11。

表 3-10　"输入掩码"自定义格式

节	说　明
第一节	指定输入掩码的本身，例如，!（999）999 - 9999。如果要查看可以用来定义输入掩码的字符列表，请参阅表 3-11
第二节	在输入数据时，指定 Access 是否在表中保存字面显示字符。若本节使用"0"，则表中所有显示字符都被保存；若使用"1"或未在该节中输入任何数据，则只有输入到控件中的字符才能保存
第三节	指定在输入掩码中，为要输入字符预留的地方所要显示的字符。对于该节，可以使用任何字符，如果要显示空字符串，则需要将空格用双引号（""）括起来

表 3-11　"输入掩码"格式符号

字　符	说　明
0	数字（0~9，必须输入，不允许加号［ + ］与减号［ - ］)
9	数字或空格（可选输入，不允许加号和减号）
#	数字或空格（可选输入；在"编辑"模式下空格显示为空白，但是在保存数据时空白将删除；允许加号和减号）
L	字母（A~Z，必须输入）
?	字母（A~Z，可选输入）
A	字母或数字（必须输入）
a	字母或数字（可选输入）
&	任一字符或空格（必须输入）
C	任一字符或空格（可选输入）
. : ; /	小数点占位符及千位、日期与时间的分隔符（实际的字符将根据 Windows "控制面板"中"区域设置属性"对话框中的设置而定）
<	将所有字符转换为小写
>	将所有字符转换为大写
!	使输入掩码从右到左显示
\	使接下来的字符以字面字符显示（例如，"\ A"只显示为"A"）

　　💡注意："输入掩码"属性是控制数据的输入模式的，在输入数据时起作用。"格式"属性是控制数据的显示形式的，要清楚它们之间的区别。

3.3.4　设置小数位数

　　可对"数字"型和"货币"型的字段设置"小数位数"属性，限定小数点右边显示的小数位数。"小数位数"可以选择"自动"或 0~15 之间的整数值。如果同时在数值型数据的"格式"属性中也设置了小数的显示位数，当"小数位数"设置为"自动"时，实际显示的小数位数由"格式"决定；当"小数位数"设置为 0~15 之间的整数时，实际显示的小数位数由该值决定。

3.3.5 设置默认值

"默认值"属性可以给字段指定一个值，该值在新建记录时将自动输入到字段中。这个属性对于那些大部分数据相同的字段很有用。例如，新入学的学生的政治面貌大部分为"团员"，就可以将"团员"设为"政治面貌"字段的默认值，这样就省去了对这些字段值的输入，对少数不是团员的记录再单独做修改。

【例3-11】 设置"学生"表"政治面貌"字段属性，使其默认值为"团员"。

方法如下。

在表设计视图中选中"政治面貌"字段，然后在该字段的"默认值"属性中输入"团员"。

转换到数据表视图，当输入一个新记录时，如果没有输入政治面貌字段的值，其值将自动显示为"团员"。

3.3.6 设置标题

如果想让数据表视图中显示的字段名和表结构定义时定义的"字段名称"不同，则可以在"标题"属性中输入值，在数据表视图中，字段名称会显示为"标题"中设定的值。在实际应用中，有时需要在表结构中将字段名称定义为英文样式（编程时，字段名为英文引用会较方便），而显示时又需要用汉字，这时就可以用"标题"来为英文字段指定汉字别名。

【例3-12】 设置"学生"表"remarks"字段属性，使该字段名称在数据表视图中显示为"备注"。

方法如下。

在设计视图中选中"remarks"字段，然后在该字段的"标题"属性中输入"备注"。

切换到数据表视图，可以看到"remarks"字段名称显示为"备注"。

3.3.7 定义有效性规则和有效性文本

在有效性规则属性中，可以用一个表达式限制输入到该字段中的数据的范围。有效性文本和有效性规则配合使用，设置输入数据超出了有效性规则的限定范围时的出错信息。

【例3-13】 设置"学生"表"出生年月"字段属性，使输入的出生年月小于2000年1月1日。如果输入不符合要求的数据，则输出提示信息："请输入小于2000年1月1日的值"。

方法如下。

在设计视图中选中"出生年月"字段，然后在该字段的"有效性规则"属性中输入" <#2000－1－1#"，在该字段的"有效性文本"属性中输入"请输入小于2000年1月1日的值"。

转换到数据表视图，可以检验输入数据时对数据的限制效果。

3.3.8 建立索引

为表建立索引可以加快数据的查询和排序速度。可以创建基于单个字段的索引，也可以创建基于多个字段的索引。

创建基于单个字段的索引时，只需在设计视图中选中该字段，然后在"索引"属性后的下拉列表框中进行选择即可。下拉列表框中有 3 个值："无"表示不设置为索引；"有（无重复）"表示设置为索引且不允许有重复值；"有（有重复）"表示设置为索引且允许有重复值。

建立基于多个字段的索引的方法如例3-14所示。

【例3-14】 在"学生"表中按"班级编号"和"性别"建立多字段索引。

（1）打开"学生"表，进入设计视图。

（2）单击"视图"菜单下的"索引"命令，打开"索引"对话框。

（3）在"索引名称"列的第一行输入索引名称（这里输入"班级编号和性别"）。

（4）在"字段名称"列的第一行，单击下拉按钮选择第一索引字段名，这里选择"班级编号"。在"排序次序"列的第一行，单击下拉按钮选择"升序"或"降序"，这里选"升序"。

（5）在"索引属性"区设置索引的属性。

（6）重复步骤（4）在第二行中设置第二索引，本行的"索引名称"列保持为空。本步骤完成后"索引"对话框如图3-17所示。

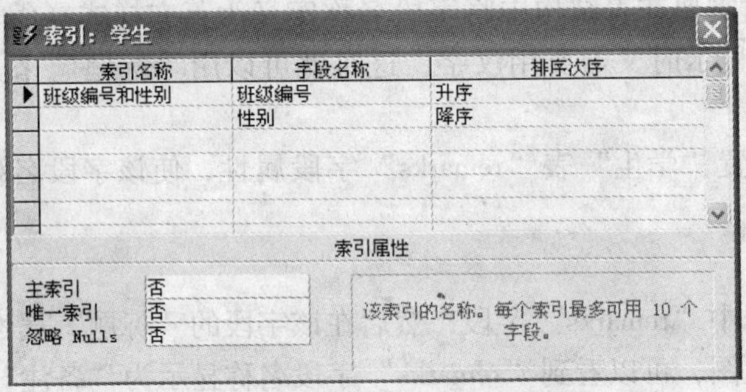

图3-17 建立基于多字段的索引

关闭"索引"对话框即完成了多字段索引的建立。转到数据表视图，可以看到数据先按专业的升序排列，专业相同时，再按性别的降序排列。

3.3.9 创建查阅列表

如果表中某个字段的值是来自另外一个表中的数据，或者可以从几个固定的值中选择，那么可以建立一个查阅列表，这样在向该字段中输入数据时，系统会生成一个列表，可以直接在该列表中选择值填入字段。

使用"查阅向导"建立查阅列表是一种简单易用的方法。

【例3-15】 为"学生"表的"政治面貌"字段创建查阅列表。

（1）打开"学生"表的设计视图。

（2）选中"政治面貌"字段，并在其"数据类型"选项列表中选择"查阅向导"，打开"查阅向导"。

（3）查阅向导的第一步提供了两个选项，决定查阅列表中值的来源，这里单击"自行键入所需的值"单选按钮，如图3-18所示。

40

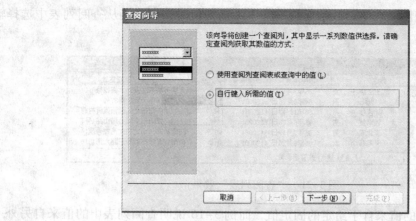

图 3-18　选择查阅列表值来源

（4）单击"下一步"按钮，在接下来的对话框中输入查阅列表中的值。本例将需要的
"政治面貌"值一个个输入，设置后如图 3-19 所示。本例建立的是单列的查阅列表，在这
里通过设置列数也可以建立多列的查阅列表。

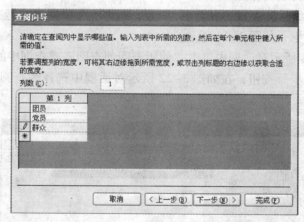

图 3-19　输入查阅列表中的值

（5）单击"下一步"按钮，在接下来对话框中为查阅列指定标签，这里用"政治面貌"
作为其标签，如图 3-20 所示，然后单击"完成"按钮完成查阅列表的建立。

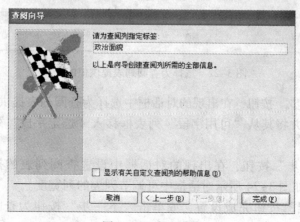

图 3-20　完成设置

转换到数据表视图，在向"政治面貌"字段中输入值时，可直接从查阅列表中选择输入，如图3-21所示。

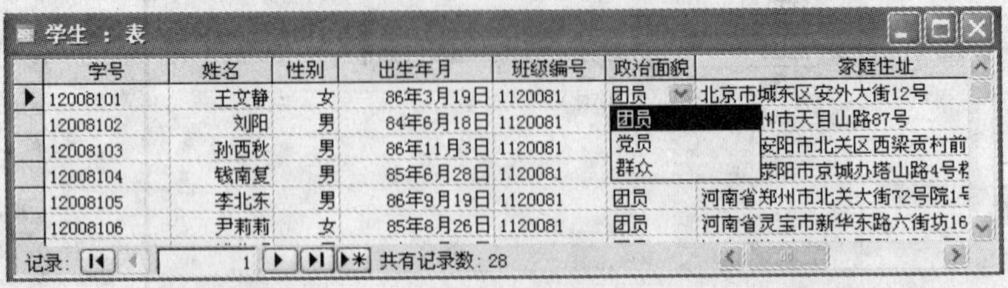

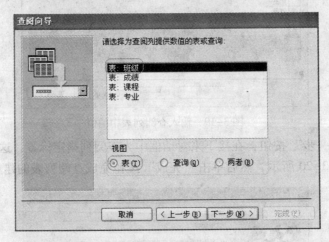

图3-21 "查阅列表"效果

本例查阅列表中的值来自于给定的固定值，而例3-16说明查阅列表中的值来自另外一个表时的设置方法。

【例3-16】 为"学生"表的"班级编号"字段创建查阅列表，该查阅列表中的班级编号来自"班级"表的班级编号。

（1）打开"学生"表的设计视图。

（2）选中"班级编号"字段，并在其"数据类型"选项列表中选择"查阅向导"，打开"查阅向导"对话框，如图3-18所示。

（3）在如图3-18所示对话框中单击"使用查阅列查阅表或查询中的值"单选按钮。

（4）单击"下一步"按钮，在如图3-22所示对话框中选择为查阅列表提供数据的表，这里选择"班级"表。

图3-22 选择为查阅列表提供值的表

（5）单击"下一步"按钮，在出现的对话框中选择为查阅列表提供数据的字段。这里选择"班级编号"字段并将其从"可用字段"列表框移入"选定字段"列表框中，如图3-23所示。

（6）单击"下一步"按钮，在出现的对话框中设置查阅列表的排序方式。继续单击"下一步"按钮，在如图3-24所示对话框中可调节列表的列宽度。

（7）单击"完成"按钮完成设置，或单击"下一步"按钮为查阅列设置标签后完成设置。

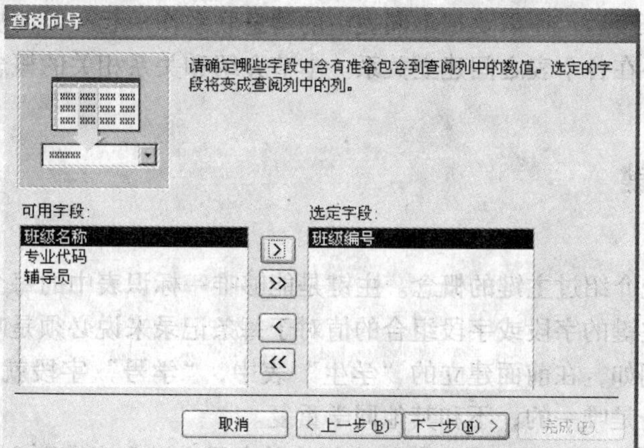

图 3-23　选择为查阅列表提供值的字段

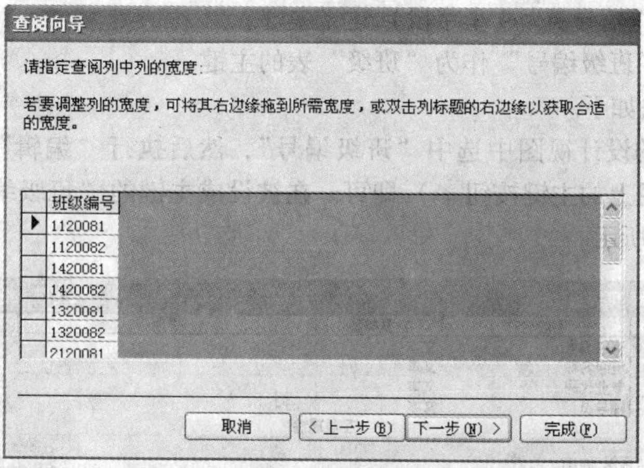

图 3-24　调整列宽度

转换到数据表视图，在向"班级编号"列输入值时可从查阅列表中选择输入，如图 3-25 所示。

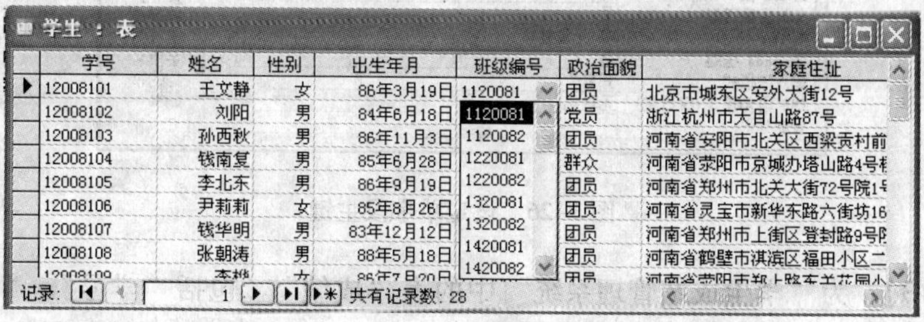

图 3-25　"查阅列表"效果

3.4　创建表间关系

在 Access 数据库中，存放完整的基本信息往往需要多张表，每张表用于描述某方面的信息。在建立完各个表后，还需要把不同表中的信息联系在一起，以便从多个表当中检索需要的信息。这就需要在各个表之间建立关系。本节介绍和关系相关的概念以及如何建立多个表之间的关系。

3.4.1 主键和外键

1. 主键

在第 1 章中已经介绍过主键的概念。主键是能够唯一标识表中的每个记录的一个或多个字段的组合。作为主键的字段或字段组合的值对于每条记录来说必须是唯一的，并且主键的值要求不能为空。例如，在前面建立的"学生"表中，"学号"字段就可以作为它的主键，因为每个学生的学号是唯一的，不和其他同学重复。

下面举例说明如何在 Access 中为数据表创建单字段主键和多字段主键。

【例 3-17】 为"学生成绩管理系统"中的表"班级"（包括"班级编号"，"班级名称"，"专业代码"，"辅导员" 4 个字段）建立主键。

显然可以使用"班级编号"作为"班级"表的主键。

建立主键的方法如下。

在"班级"表的设计视图中选中"班级编号"，然后执行"编辑"菜单下的"主键"命令（或单击工具栏上的主键按钮 ）即可。在被设成主键的"班级编号"字段旁出现主键标志，如图 3-26 所示。

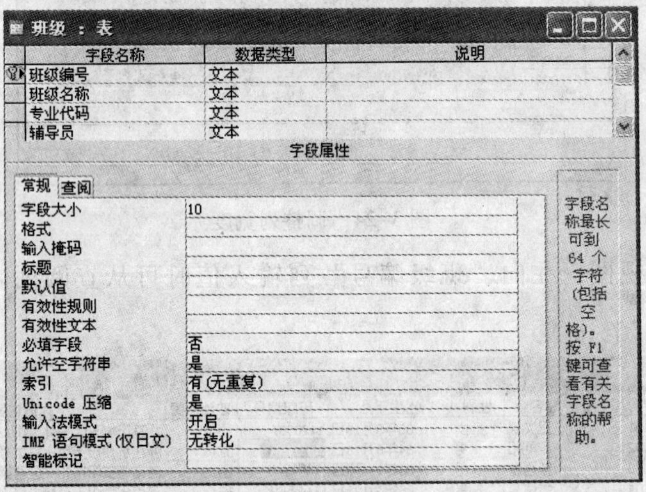

图 3-26 设定单字段主键

【例 3-18】 为"学生成绩管理系统"中的表"成绩"（包括"学号"，"课号"，"考试成绩"、"平时成绩" 4 个字段）建立主键。

成绩表中需要用"学号"和"课号"的组合作为多字段主键。

建立主键的方法如下。

在"成绩"表的设计视图中同时选中"学号"和"课号"字段，然后单击工具栏上的主键按钮 即可。设置完成后界面如图 3-27 所示。

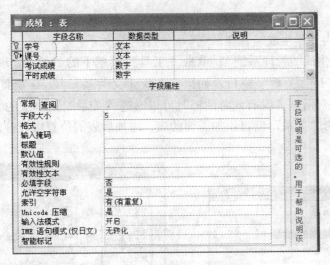

图 3-27　设置多字段主键

2. 外键

如果表中的一个字段在另外一个表中是主键，那么这个字段在本表中就被称为"外键"。如"班级编号"在"学生"表当中就是外键，因为它在"班级"表中是主键。数据表之间的关系就是通过键值的匹配来确定的。

3.4.2　关系的类型

关系是在两个表之间建立的联系。Access 数据库中表之间关系有一对多、一对一、多对多 3 种类型。

1. "一对多"关系

"一对多"关系是关系中最常用的类型。在"一对多"关系中，A 表中的一条记录能与 B 表中的多条记录匹配，而 B 表中的一条记录仅能与 A 表中的一条记录匹配。

2. "一对一"关系

在"一对一"关系中，A 表中的一条记录只能与 B 表中的一条记录匹配，B 表中的一条记录也只能与 A 表中的一条记录匹配。在实际应用中，这种关系不太多用，因为有这种关系的信息放在一个表中存储就很方便，除非有特殊需要时，才分开在两个表中存储。

3. "多对多"关系

在"多对多"关系中，A 表中的一条记录能与 B 表中的多条记录匹配，B 表中的一条记录也能与 A 表中的多条记录匹配。在实际应用中，此类型的关系仅能通过定义第 3 个表（称为联接表）来达成，联接表的主键是来自于 A 表和 B 表主键的组合。多对多关系实际上是和第 3 个表的两个一对多关系。

3.4.3　建立和编辑表间关系

可以通过分析数据库中各个表中数据的含义来了解表之间的关系，但这个关系要想在 Access 中体现出来，必须在表之间进行建立关系的操作。

1. 建立表间关系

在 Access 2003 中，使用一种图形化的界面，即"关系"窗口，来定义和管理表间关系。

【例3-19】 为"学生成绩管理系统"中的表建立关系。

(1) 打开"学生成绩管理系统",单击"工具"菜单下的"关系"命令(或工具栏上的关系按钮 ⛙)打开"关系"窗口。如果是首次定义关系,Access会同时打开如图3-28所示的"显示表"对话框(没有此对话框时可以通过"关系"菜单下的"显示表"命令打开),从这里可以向"关系"窗口添加需要的表,添加后表的位置可以拖动改变,添加后的效果如图3-29所示。

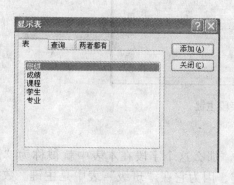

图3-28 "显示表"对话框

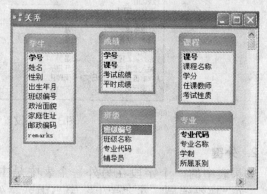

图3-29 添加表后的"关系"窗口

(2) 在"关系"窗口中,选择"学生"表下的"学号"字段,用鼠标把它拖拽到成绩表的"学号"字段上,会出现如图3-30所示的"编辑关系"对话框。在此对话框中显示建立关系的两个表和它们之间的联接字段,如果联接字段不合适,可以从下拉列表中选择更改。

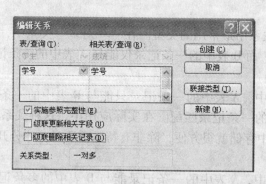

图3-30 "编辑关系"对话框

(3) 勾选"编辑关系"对话框下方的"实施参照完整性"复选框。"实施参照完整性"是指只有在一对多关系的"一"端表(主表)关联字段中存在的值才可以在一对多关系的"多"端表(从表)中出现。本例中不希望在"学生"表中不存在的学号出现在"成绩"表中,因此勾选此复选框。勾选"实施参照完整性"后,可根据需要勾选"级联更新相关字段"和"级联删除相关记录"等复选框,可以实现在主表更新或删除关联字段中的某个值时,从表中自动做相应的修改或删除,从而自动保证数据的参照完整性。

(4) 单击"创建"按钮,即可创建从"学生"表到"成绩"表的一对多关系。创建关系后学生表和成绩表之间出现一条线,称为关系线,如图3-31所示。在关系线的"一"端表和"多"端表旁分别显示"1"和"∞"。

（5）继续用同样的方法建立"班级"表和"学生"表、"课程"表和"成绩"表、"班级"表和"专业"表之间的关系。建立关系之后的"关系"窗口如图3-32所示。

图3-31　"学生"表与"成绩"表之间的关系 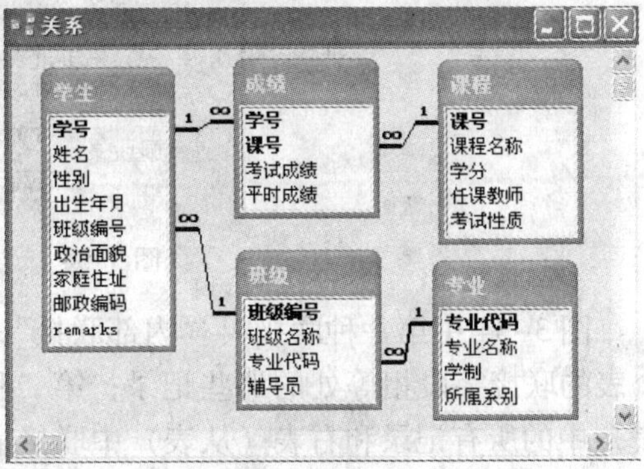　　　图3-32　"学生成绩管理系统"关系

💡**注意**：如果在表中建立了查阅列表，并且设置该列表中的值来自于另外一个表，那么系统会自动建立起相关的两个表之间的关系。

💡**注意**：在定义关系前，必须先为主表建立主键或索引，例3-19中各表已经建立了主键。

为表建立关系之后，打开一个主表，会看到每条记录左边都多了一个"＋"的标志，单击这个标志，可以打开当前记录对应的子数据表，如图3-33所示。通过子数据表，可以查看和编辑主表中的每条记录在从表中的相关记录。

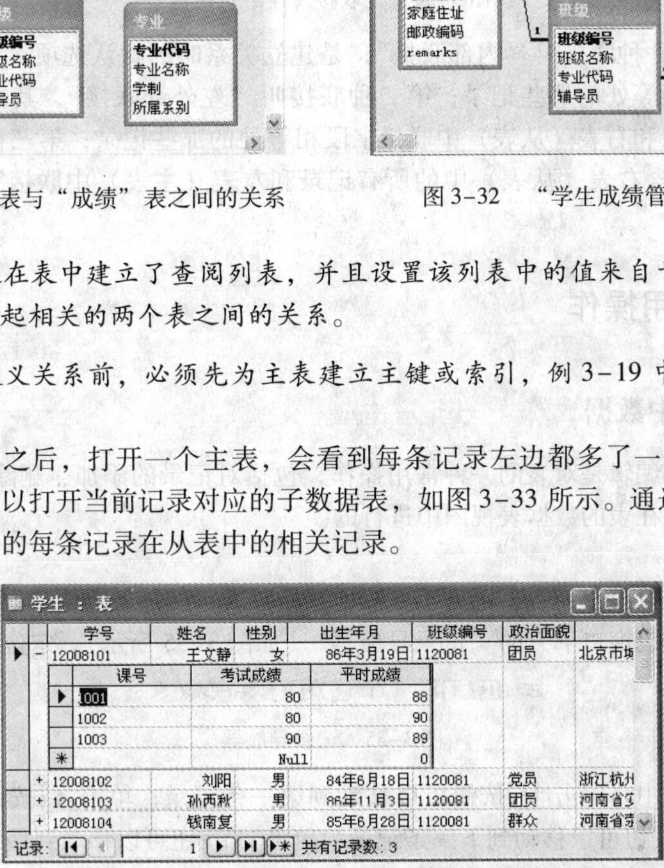

图3-33　子数据表

2. 编辑表间关系

在"关系"窗口中通过单击一条关系线可以选中该关系。如果想删除一个关系，选中该关系后按〈Delete〉键即可。如果想编辑一个关系，选中该关系后，单击"关系"菜单下的"编辑关系"命令，便可打开"编辑关系"对话框，从而对这个关系进行编辑。

🖱**操作技巧**：双击一条关系线也可打开"编辑关系"对话框并对该关系进行编辑。

3.4.4　联接类型

联接类型表明了两个表或查询中数据之间的关联方式。在创建关系时，根据联接的类型的不同，联接得到的数据集的结果也不同。

在如图 3-30 所示的"编辑关系"对话框中，有个"联接类型"按钮，单击它以后可以从如图 3-34 所示的"联接属性"对话框中看到 Access 具有 3 种联接类型。

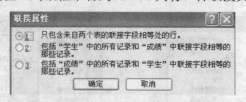

图 3-34　"联接属性"对话框

图 3-34 中第一种联接叫"内部联接"，是建立关系时的默认选项，其结果包含来自两个表的联接字段相等处的那些记录；第二种联接叫"左外部联接"，其结果包含左表（主表）中的所有记录和右表（从表）中联接字段相等处的那些记录；第三种联接叫"右外部联接"，其结果包含右表（从表）中的所有记录和左表（主表）中联接字段相等处的那些记录。

3.5　表的常用操作

3.5.1　编辑表中数据

对表中数据的编辑是对表的一种常用操作，包括对记录的添加、删除、修改、定位等，记录的这些操作是在表的数据表视图中进行的。

1. 定位记录

对于存储记录量很小的表，可以用鼠标把光标移入目标记录定位。如果表中存储了大量的记录，可以使用表窗口下方的"记录导航器"（如图 3-35 所示），定位到指定的记录。

记录: ⏮ ◀ ⃞ 12 ▶ ⏭ ▶✱ 共有记录数: 24

图 3-35　记录导航器

在记录导航器中，单击 ⏮ 按钮可以移动到第一条记录；单击 ◀ 按钮可以移动到上一条记录；单击 ▶ 按钮可以移动到下一条记录；单击 ⏭ 按钮可以移动到最后一条记录；单击 ▶✱ 按钮可以定位到表末尾最后一条记录后的空白行中；如果想移动到指定编号的记录，可在记录编号框中输入记录的编号，然后按〈Enter〉键即可。

定位到一条记录后，在该条记录最左端的行选定器上会出现选定标记 ▶。

2. 添加记录

在数据表视图中打开一个表，把光标定位到表末尾的空白行，即可输入一条新的记录。

在包含有子数据表的表中，还可以通过子数据表在相关表中添加当前记录的相关记录。

3. 修改数据

在数据表视图中打开一个表，把光标定位到需要修改的位置即可修改数据。

4. 删除数据

单击记录的左端的行选定器，选定要删除的记录（被选定的记录呈反白显示），然后按

〈Delete〉键，此时弹出一个对话框，如图 3-36 所示，单击"是"按钮即可删除记录。需要注意的是，被删除的记录是无法恢复的。

图 3-36　确认是否删除记录

5. 查找和替换数据

一个数据表当中往往包含很多记录，当需要查找某一个特定的数据，或将表中某些值相同的数据统一换成另外一个数据时，可以使用查找和替换功能。具体的做法如下。

（1）在数据表视图中打开表，把光标定位到欲查找的字段，选择"编辑"菜单中的"查找"命令，出现如图 3-37 所示的"查找和替换"对话框。

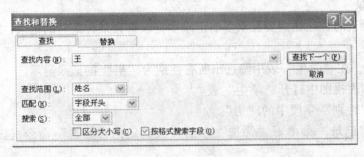

图 3-37　"查找和替换"对话框

（2）在"查找内容"文本框中输入要查找的内容，如"王"；在"查找范围"下拉列表框中选择是在本字段中还是整个表中查找，这里选择"姓名"字段；在"匹配"下拉列表框中选择匹配方式，这里选择"字段开头"；在搜索下拉列表框中选择"全部"。

（3）单击"查找下一个"按钮进行查找，本例的设置可以找到所有姓"王"的同学。找到匹配数据后，将定位于该数据并反白显示，再单击"查找下一个"按钮将继续查找，直至结束。

如果需要将查找到的内容替换为另外一个内容，则单击"替换"选项卡，出现如图 3-38 所示界面，和图 3-37 相比多了一个"替换为"文本框。在该文本框中输入要替换的内容，这里输入为"W"，单击"替换"按钮可以一个个替换，单击"全部替换"按钮可以一次完成所有替换。

图 3-38　"查找和替换"对话框的"替换"选项卡

💡**注意**：如果表之间建立了关系并实施了参照完整性，对表中的数据进行编辑时，应时刻注意表中的数据要符合参照完整性原则，破坏参照完整性的操作将不能进行。

3.5.2 排序和筛选记录

1. 排序记录

Access 默认的是按照记录在表中的物理位置显示记录。如果定义了主键，则按照主键的值排序显示记录。用户可以在数据表视图中对记录进行排序，改变记录的显示顺序。方法如下。

（1）在表的数据表视图中打开表，选中用于排序的一个或连续多个字段。

（2）选择"记录"菜单下"排序"菜单项中的"升序排序"或"降序排序"命令（或单击工具栏上的"升序排序"按钮 或"降序排序"按钮 ），记录即按选定次序排列。

（3）如果要恢复原来的显示顺序，执行"记录"菜单的"取消筛选/排序"命令。

2. 筛选记录

在查看数据表时，往往需要在众多的记录中提取符合某种条件的记录，即对数据表记录进行筛选。

【例3-20】 在"学生"表中筛选出所有性别为"男"的记录显示。

（1）在数据表视图中打开"学生"表。

（2）选定"性别"字段中的"男"。

（3）执行"记录"菜单下"筛选"中的"按选定内容筛选"命令，如图3-39所示，即可完成筛选。

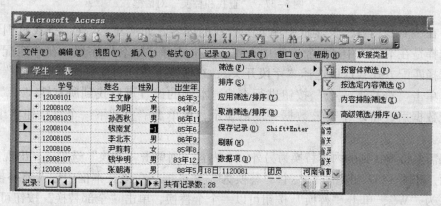

图3-39 "筛选"子菜单

可以看到"筛选"子菜单中有4种筛选方式。"内容排除筛选"是指筛选出除选定内容之外的记录。如在例3-20中，如果选择"内容排除筛选"，则会筛选出所有性别不是"男"的记录；高级筛选可以为筛选指定一些较复杂的条件，如果筛选的条件不是简单的等于字段中的某个值，可以应用高级筛选。

如果要取消筛选，可执行"记录"菜单中的"取消筛选/排序"命令，或单击工具栏上的"取消筛选/排序"按钮 。

🖱**操作技巧**：把光标定位到要排序或筛选的字段，然后单击鼠标右键，在弹出的快捷菜单中可完成排序和筛选的大部分操作，如图3-40所示，其中通过在筛选目标中输入条件表达式，可以实现条件较为复杂的筛选。

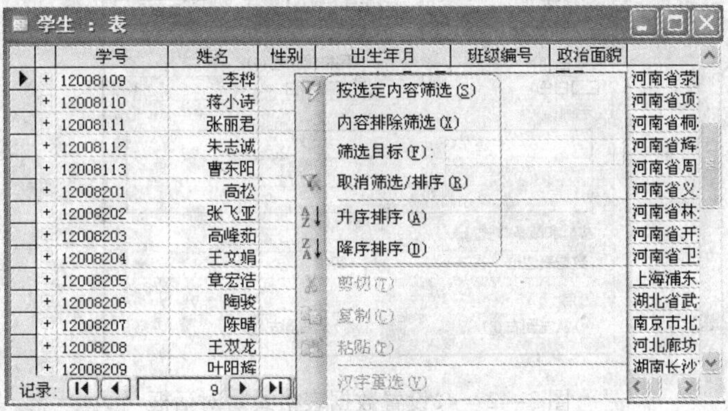

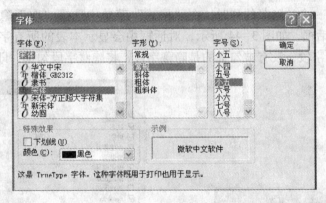

图3-40 通过快捷菜单实现筛选

3.5.3 设置数据表外观

可以通过格式设置来改变数据表的外观，下面介绍一些常用的格式设置方法。

1. 设置字体

在数据表视图中打开表，单击"格式"菜单中的"字体"命令，打开如图3-41所示的"字体"对话框，在其中可以重新设置表中数据的字体、字形、字号、颜色和下划线。

图3-41 "字体"对话框

2. 设置数据表格式

在数据表视图中打开表，单击"格式"菜单中的"数据表"命令，打开如图3-42所示的"设置数据表格式"对话框，在其中可以重新设置表的单元格显示效果、网格线显示方式、背景色、网格线的颜色、表格边框和线条样式、数据显示方向，从而改变表的外观。

3. 设置行高和列宽

设置行高和列宽通常有两种方法。

一种方法是通过鼠标拖动实现，具体的做法是：在数据表视图中打开表，在列标题行把光标移到两个字段的交界处，当光标变成 ↔ 时通过拖动可以改变列宽；在行选定器上把光标移到两行的交界处，当光标变成 ↕ 时通过拖动可以改变行高。

图 3-42   "设置数据表格式"对话框

另一种方法是执行"格式"菜单中的"行高"和"列宽"命令,在弹出的对话框中通过输入具体的数值进行调整。如图 3-43 所示是执行"行高"命令后弹出的对话框。

4. 隐藏列

在使用数据表视图时,可以将暂时不用的字段隐藏起来,需要显示时再将其显示。具体方法如下。

(1)在数据表视图中打开表,选中需要隐藏的列。

(2)在"格式"菜单中选择"隐藏列"命令,即可将选定的列隐藏。

(3)需要显示一个被隐藏的列时,在"格式"菜单中选择"取消隐藏列"命令,出现"取消隐藏列"对话框,如图 3-44 所示,对话框中会显示本表的所有字段,字段前的复选框被勾选的是显示字段,没有被勾选的是隐藏字段,将隐藏字段勾选,即可将其显示。

图 3-43   "行高"对话框

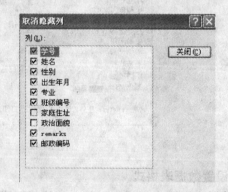

图 3-44   "取消隐藏列"对话框

操作技巧:把光标定位到要隐藏列标题的右分割线上,光标变成 ↔ 形状时用鼠标向左拖动,使列的宽度为 0,也可以隐藏该列。知道列的隐藏位置,在隐藏位置处用类似的方法用鼠标向右拖动,也可以取消对该列的隐藏。

5. 冻结列

如果某些字段需要始终出现在数据表视图中,而不随着字段的滚动而隐藏,可以将该字段冻结起来。不需要冻结时再取消冻结。具体的实现方法如下。

（1）在数据表视图中打开表，选中需要冻结的列。

（2）在"格式"菜单中选择"冻结列"命令，即可将选定的列冻结。

（3）如果需要解除冻结，只需选中被冻结的列，然后选择"格式"菜单中的"解除冻结"命令即可。

3.6 表的导入和链接

在实际使用中，有时需要用到其他格式存储的数据，如 Excel、HTML 等。利用 Access 的导入和链接功能，可以轻松地使用这些外部数据源。

3.6.1 导入表

导入表功能可以使 Access 直接将一个数据库外部已经存在的表导入到当前数据库中，作为当前数据库的一个普通表对象使用，而不必将表重新输入。

【例3-21】 将"备忘录.xls"导入到"我的联系人"数据库中。

（1）打开"我的联系人"数据库。

（2）选择"文件"菜单下"获取外部数据"中的"导入"命令，在出现的"导入"对话框中选择要导入的文件的类型和要导入的文件，本例在文件类型中选择"Microsoft Excel (＊.xls)"，如图 3-45 所示。

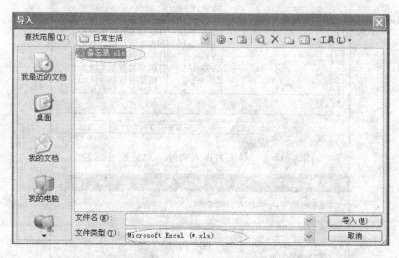

图 3-45 "导入"对话框

（3）单击"导入"按钮，显示如图 3-46 所示的"导入数据表向导"对话框，单击"显示工作表"单选按钮，并选定"备忘录"表。

（4）单击"下一步"按钮，弹出如图 3-47 所示对话框，勾选"第一行包含列标题"复选框，这样使得 Excel 表中的列标题作为导入表的字段名使用。

（5）单击"下一步"按钮，弹出如图 3-48 所示对话框，在"请选择数据的保存位置"区域中单击"新表中"单选按钮。

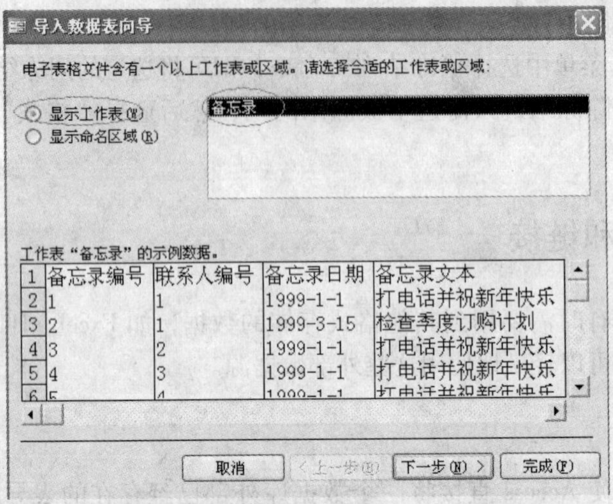

图 3-46 "导入数据表向导"对话框（一）

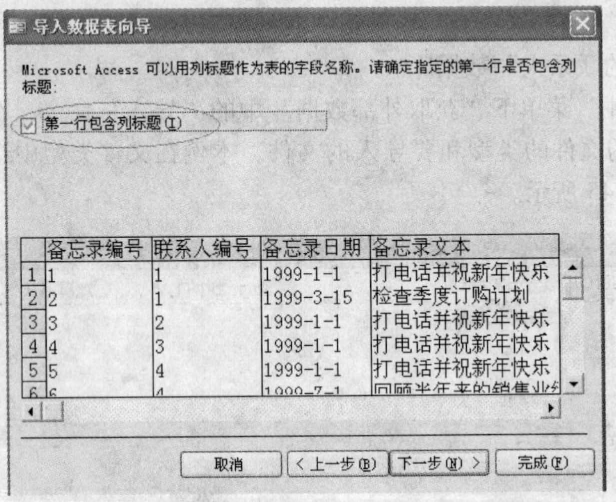

图 3-47 "导入数据表向导"对话框（二）

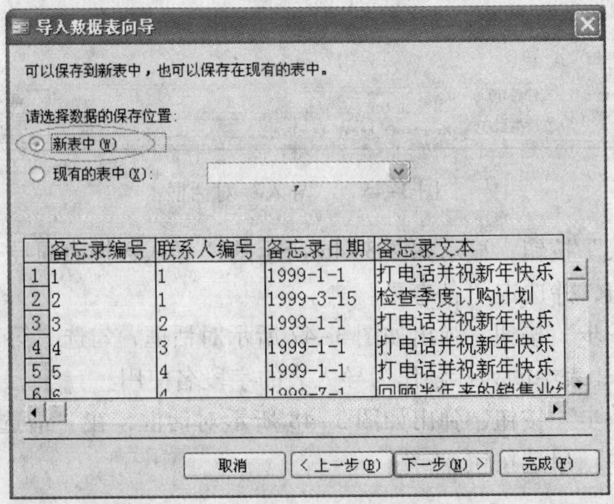

图 3-48 "导入数据表向导"对话框（三）

（6）单击"下一步"按钮，弹出如图 3-49 所示对话框，在这里可以为导入的每一个字段设置字段名和索引，也可以指定不导入其中的某个字段，这里采用默认设置。

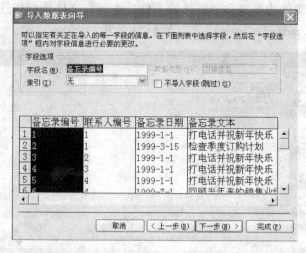

图 3-49   "导入数据表向导"对话框（四）

（7）单击"下一步"按钮，在接下来出现的对话框中为表设置主键，这里单击"我自己选择主键"单选按钮，并把"备忘录编号"字段设为主键，如图 3-50 所示。

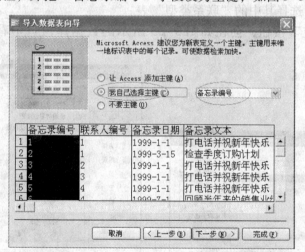

图 3-50   "导入数据表向导"对话框（五）

（8）单击"下一步"按钮，在接下来的对话框里为表起名，然后单击"完成"按钮。

完成导入的表，Access 会自动为各个字段分配数据类型，如果不合适可以在设计视图中再做修改。

3.6.2 链接表

链接就是在当前数据库与外部数据源的数据之间建立关联。链接一个表的操作和导入一个表的操作类似。

【例 3-22】 将"联系人"数据库中"联系类型"表链接到"我的联系人"数据库中。

（1）打开"我的联系人"数据库。

（2）选择"文件"菜单下"获取外部数据"中的"链接"命令，在出现的"链接"对话框中选择要链接的文件的类型和要链接的文件，本例在文件类型中选择"Microsoft Office Access（*.mdb；*.mda；*.mde）"，如图3-51所示。

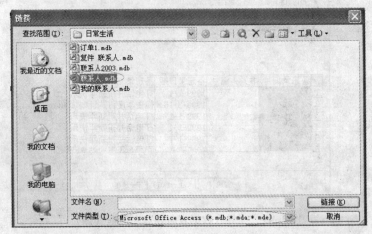

图3-51　"链接"对话框

（3）单击"链接"按钮，在如图3-52所示的"链接表"对话框中会列出"联系人"数据库中的所有表，选择其中的"联系类型"表。

（4）单击"确定"按钮，会在如图3-53所示的数据库窗口中看到链接的"联系类型"表。

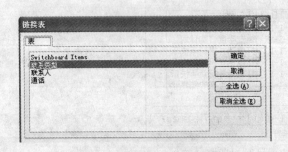

图3-52　"链接表"对话框

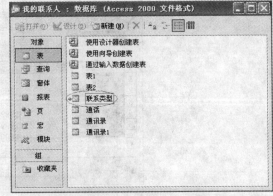

图3-53　数据库中链接的表

💡注意：导入表和链接表有着本质的区别，导入后的表是在数据库中建立了源表的副本，对数据库中表的操作不会影响源表。链接表只是一个联接，对数据库中表的操作会体现在源表中。

实训

【实训3-1】　创建表

（1）为"学生成绩管理系统"建立"课程"表。"课程"表的结构见表3-12。

表3-12　"课程"表结构

字 段 名 称	字 段 类 型	要　　求
课号	文本	字段大小为5；设为主键
课程名称	文本	字段大小为20
学分	数字	字段大小设置为字节型
任课教师	文本	字段大小为10
考试性质	文本	字段大小为6；利用下拉列表框从"考试"、"考查"中选择

（2）为"学生成绩管理系统"建立"班级"表。"班级"表的结构见表3-13。

表3-13　"班级"表结构

字 段 名 称	字 段 类 型	要　　求
班级编号	文本	字段大小为5；设为主键
班级名称	文本	字段大小为10
专业代码	文本	字段大小为10；利用下拉列表框从"专业"表"专业代码"字段的值中选择输入
班主任	文本	字段大小为8

（3）为"学生成绩管理系统"建立"成绩"表。"成绩"表的结构见表3-14。

表3-14　"成绩"表结构

字 段 名 称	字 段 类 型	要　　求
学号	文本	字段大小为8；和课号一起设为复合主键
课号	文本	字段大小为5
考试成绩	数字	有成绩输入时保留一位小数；无成绩输入时，显示"无成绩"
平时成绩	数字	输入0～100之间的值，输入数据错误时，提示："请输入0～100之间的数"

（4）为"学生成绩管理系统"建立"专业"表。"专业"表的结构见表3-15。

表3-15　"专业"表结构

字 段 名 称	字 段 类 型	要　　求
专业代码	文本	字段大小为10；设为主键
专业名称	文本	字段大小为12
学制	数字	字段大小为字节型，默认值为3
所属系别	文本	字段大小为10

【实训3-2】　建立和编辑表之间的关系

（1）在实训3-1中建立的"课程"表和"成绩"表之间建立关系，并勾选"实施参照完整性"、"级联更新相关字段"和"级联删除相关记录"复选框。

（2）在"课程"表和"成绩"表中各输入3条记录。

（3）在主表中编辑（如增加、删除、修改）一条记录，看从表中有无变化。在从表中编辑一条记录，看主表中有无变化。

（4）去掉关系中的"级联更新相关字段"和"级联删除相关记录"，重复（3）的操作，体会级联更新和级联删除的作用。

（5）去掉关系中的"实施参照完整性"，重复（3）的操作，体会参照完整性的作用。

【实训3-3】　练习表的常用操作

（1）在"学生成绩管理系统"中，把"学生"表所有姓名中包含的"文"字替换为"wen"。

（2）把"成绩"表中的数据先按"课号"的升序排列，再按"考试成绩"的降序排列，观察排序结果。

（3）筛选出"成绩"表中所有考试成绩大于80分的记录。

（4）在"学生"表中做如下设置：将"性别"字段的列宽设置为"10"；将第3条记录的行高设置为"16"；将表的背景色设置为灰色，单元格效果设置为"凸起"。

（5）隐藏一个列，然后取消隐藏。冻结一个列，观察冻结效果，然后取消冻结。

【实训3-4】　表的导入和链接

（1）建立一个名为"实训4"的空数据库。

（2）将"学生成绩管理系统"中的"班级"表导入到"实训4"中。

（3）准备一份Excel格式的数据，将其导入到"实训4"中。

（4）将（2）、（3）中要求的数据链接到"实训4"中。

（5）操作导入和链接的数据，观察源表中数据的变化情况，体会导入和链接的不同。

【实训3-5】　为"图书管理系统"建立表及关系

（1）建立"图书管理系统"空数据库。

（2）在"图书管理系统"中建立"学生基本信息表"，其中包含的字段有：学号、姓名、性别、出生年月、系部、班级、专业、电话。请为各个字段设置合适的数据类型和大小。并要求："出生年月"在"＿＿＿＿年－＿＿＿月－＿＿＿日"格式中输入日期，其中年为4位数字，月和日分别为两位数字；"出生年月"的显示格式如"1982-09-21"。

（3）在"图书管理系统"中建立"教师表"，其中包含的字段有：职工号、姓名、性别、出生年月、婚否、系部、职称、电话。请为各个字段设置合适的数据类型和大小。并要求："婚否"从下拉列表框中选择输入"已婚"、"未婚"；电话号码位数最多不超过13位，且只能输入数字和空格。

（4）在"图书管理系统"中建立"图书表"，其中包含的字段有：书号、书名、作者、出版社、出版时间、单价、总量、现存量。请为各个字段设置合适的数据类型和大小。并要求：单价保留两位小数。

（5）在"图书管理系统"中建立"教师借阅信息表"，其中包含的字段有：职工号、书号、借书时间、还书时间。请为各个字段设置合适的数据类型和大小。

（6）在"图书管理系统"中建立"学生借阅信息表"，其中包含的字段有：学号、书号、借书时间、还书时间。请为各个字段设置合适的数据类型和大小。

（7）为各个表建立合适的主键并建立关系。

（8）为每个表输入几条记录。

思考题

1. 格式属性和输入掩码属性的作用分别是什么？区别是什么？
2. 表间关系的类型有哪些？分别有什么特点？
3. 表间的联接类型有哪些？各有什么特点？
4. 记录的排序和筛选有什么区别？
5. 表关系中设置完参照完整性后对表中的数据有何限制？

第4章 创建和使用查询对象

4.1 查询概述

前面介绍了数据库中表的创建及使用。在实际应用当中，很多时候需要从一个或多个表中提取出来对我们有用的数据，这时候就要用到 Access 数据库系统中另外一个非常重要的对象：查询。

4.1.1 查询的定义

查询是对数据库中的数据进行检索、创建、修改或删除的操作。查询有两种基本的功能，一种功能是根据给定的条件从数据库的表中筛选出符合条件的记录，构成一个数据的集合；一种功能是对数据表中的数据进行插入、修改或删除等操作。

查询的执行结果往往也是一张表，但这种表不会被存储，它是在执行查询时即时生成的虚拟表。查询在应用时可以和表一样作为窗体、报表的数据来源，还可以以查询为基础构成其他查询。

4.1.2 查询的类型

查询根据其对数据源的操作方式和结果的不同分为 5 种类型，每种类型的功能和应用都有所不同，下面介绍这 5 种查询。

1. 选择查询

选择查询是最基本也是最常见的一种查询类型。它从一个或多个表中筛选记录作为查询结果。在选择查询中可以对记录进行分组，还可以对记录进行汇总、计数、求和等运算以及生成新的计算字段。

2. 参数查询

使用参数查询可在查询运行时显示对话框，提示用户输入查询条件，根据用户输入的条件显示相应的查询结果。在查询条件经常变化时使用此类查询很方便，可增强查询的灵活性。

3. 交叉表查询

使用交叉表查询可以计算并重新组织数据的结构，这样可以更加方便地分析数据。交叉表查询计算数据的总计、平均值、计数或其他类型的统计值，这种数据可分为两组信息：一类在数据表左侧排列，另一类在数据表的顶端。

4. 操作查询

使用操作查询可以在一次操作中对多个记录进行更改和移动。操作查询有 4 种，分别如下。

（1）删除查询。这种查询可以从一个或多个表中删除一组记录。例如，可以使用删除查询来删除不再生产或没有订单的产品。使用删除查询，删除的是整个记录，不能从记录中选择某些字段的值删除。

（2）更新查询。这种查询可以对一个或多个表中的一组记录进行全局的更改，例如，可以将所有工作人员的工资提高5%。使用更新查询，可以成批更改已有表中的数据。

（3）追加查询。追加查询将一个或多个表中的一组记录添加到一个或多个表的末尾。

（4）生成表查询。这种查询可以根据一个或多个表中的全部或部分数据新建表。

5. SQL 查询

SQL 查询是用户使用 SQL 语句创建的查询。可以用结构化查询语言（SQL）来查询、更新和管理 Access 这样的关系数据库。

4.2 创建选择查询

4.2.1 用向导创建选择查询

【例4-1】 建立一个"各课程任课教师"的查询，查询出各个课程名称及任课教师姓名。

（1）打开"学生成绩管理系统"，在数据库窗口对象列表中选择"查询"对象。

（2）双击数据库窗口中的"使用向导创建查询"选项，打开"简单查询向导"界面。

（3）在"简单查询向导"的"表/查询"下拉列表框中选择"表：课程"，在"可用字段"列表框中选择"课程名称"字段，单击"＞"按钮将"课程名称"字段添加到"选定的字段"列表框中，用同样的方法添加"任课教师"字段到"选定的字段"列表框中，如图4-1所示。

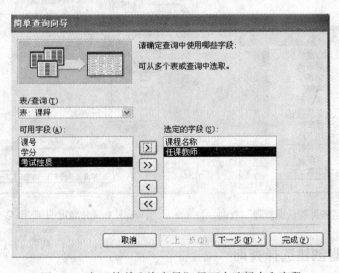

图4-1　在"简单查询向导"界面中选择表和字段

（4）单击"下一步"按钮，在如图4-2所示的界面中为查询起名"各课程任课教师"，并单击"打开查询查看信息"单选按钮。

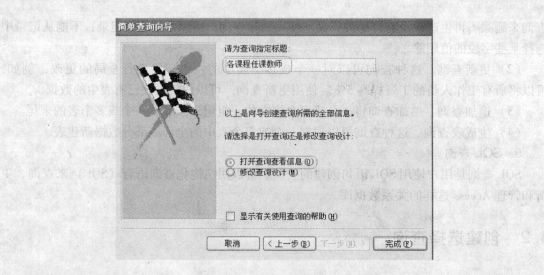

图 4-2　为查询起名

（5）单击"完成"按钮，可以看到打开的"各课程任课教师"查询，如图 4-3 所示，从中可以查看每门课程的课程名称和任课教师。

💡注意：如果查询的数据源来自多个表，可在执行完（3）中的操作后再从如图 4-1 所示界面的"表/查询"下拉列表框中选择其他表添加字段。如果在（3）中选择有数字型的字段（不是主键或主键的一部分）则会显示如图 4-4 所示界面，来确定是明细查询还是汇总查询，然后再进入（4）。

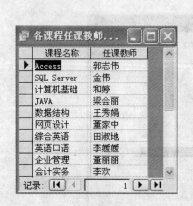

图 4-3　打开的"各课程任课教师"查询

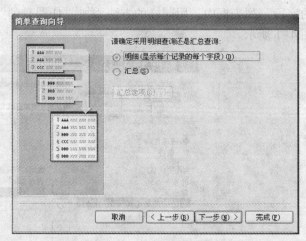

图 4-4　确定明细/汇总查询

4.2.2　用设计器创建选择查询

利用向导能快速创建简单的选择查询。在实际应用中，往往对所建查询有更复杂的要求，如要求对查出的信息按某个字段的升、降序排列，只查出女生的信息等，用向导就无法达到要求，这时就要用功能更强大的设计器创建查询。用设计器创建查询也是创建查询最常用的方法。

【例4-2】 建立一个"各班团员基本情况"的查询，要求在查询结果中显示团员的"学号"、"姓名"、"性别"、"班级名称"，并按照"班级名称"升序排列。

(1) 打开"学生成绩管理系统"，在数据库窗口对象列表中选择"查询"对象。

(2) 双击数据库窗口中的"在设计视图中创建查询"选项，会打开查询的设计视图，同时弹出"显示表"对话框。

(3) 在"显示表"对话框中选中需要的表，单击"添加"按钮可以把选中的表添加到查询的设计视图中的上半部分。因为本查询结果要求包含的字段来自于"学生"表和"班级"表，因此把这两个表添加到"查询"窗口中，如图4-5所示。

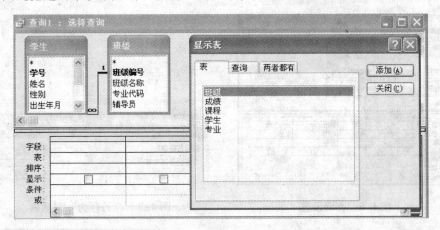

图4-5 添加表到查询

操作技巧：在设计过程中如果想显示"显示表"对话框，可选择"查询"菜单中的"显示表"命令，或单击工具栏上的"显示表"按钮。

注意：查询的数据源可以是表，也可以是其他查询，在"显示表"对话框中可以通过选择"表"、"查询"或"两者都有"选项卡显示需要的表和查询。

(4) 关闭"显示表"对话框，在查询设计视图下半部分的"字段"行中选择需要在查询中显示或作为条件的字段名称。本例需要选择"学生"表中的"学号"、"姓名"、"性别"字段及"班级"表中的"班级名称"字段作为显示字段，"学生"表中的"政治面貌"字段作为条件字段，如图4-6所示。

操作技巧：设计视图中的"字段"行下拉列表框中会显示当前所有表的所有字段。"表"行显示所选字段所属的表，在选完字段后会自动显示。如果有些字段多个表都包含，或者所有表的字段加起来比较多，寻找需要的字段时就会比较麻烦。这时最好先在"表"行选定表，然后"字段"下拉列表框中就只显示该表的字段，再从中选择需要字段。

(5) 在"排序"行对作为排序依据的字段设定升/降序。本例要求按"班级名称"升序排列。在"班级名称"字段下的"排序"单元格中单击鼠标左键，然后从下拉列表框中选择"升序"，如图4-6所示。

(6) 在"显示"行中设置需要在结果中显示的字段，对应复选框被勾选的字段会在结果中显示，不勾选的不显示。本例对"学号"、"姓名"、"性别"、"班级名称"字段对应的

63

复选框进行勾选。"政治面貌"字段不要求在结果中显示，在这里出现是作为条件用的，对应的复选框不勾选，如图4-6所示。

（7）在"条件"行对需要作为条件的字段设定条件。本例要求显示团员的情况，因此在"政治面貌"字段的"条件"单元格中输入"团员"，如图4-6所示。

（8）保存查询结果。执行"文件"菜单中的"保存"命令，弹出如图4-7所示的"另存为"对话框，在其中输入查询的名称"各班团员基本情况"。单击"确定"按钮后，即可在数据库窗口中看到新生成的"各班团员基本情况"查询，双击打开，可以看到查询的结果，如图4-8所示。

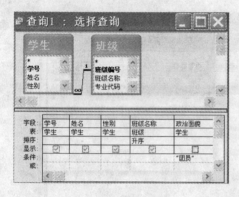

图4-6　查询设置

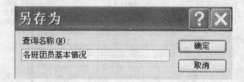

图4-7　"另存为"对话框

👆**操作技巧**：查询有多种视图，通过工具栏上的"视图"按钮（或通过"视图"菜单）可以方便地在各种视图之间转换。"设计视图"用于对查询进行设计；"数据表视图"用于查看查询的运行结果；"SQL视图"用于查看设计对应的SQL语句。一般在设计查询后先转换到数据表视图中查看运行效果，满意时再保存。

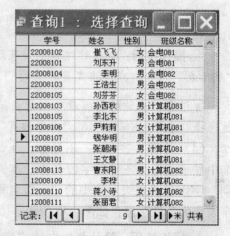

图4-8　查询结果

4.3　查询的条件表达式

在创建查询时，可以通过在"条件"单元格中输入条件表达式来限制结果中的记录，使之达到特定的要求。在 Access 数据库中，经常要用到"条件表达式"对数据进行有条件的筛选或检查，例如，在表设计时定义有效性规则，在宏设计时输入宏条件等，因此正确构建条件表达式是应用 Access 中一个很重要的问题。

"表达式"中包括"常量"、"变量"、"函数"和"运算符"4种成分。

4.3.1　常量

常量是预先定义好的、固定不变的数据。Access 中常量的类型和表示方法见表4-1。

表 4-1 常量的表示方法

类 型	举 例	说 明
字符常量	"1234"、"中国"、"1982－12－21"	需要用英文双引号括起来
数字常量	1234 、－2.1 、－1.4E－4 、1.7E3	可以用指数形式表示
时间常量	#1980－11－20#、#6：20#、#6：20：10#	需要用"#"括起来
逻辑常量	True（真）、False（假）	只有两个值
空值常量	Null	适用于各种数据类型

💡**注意**：空值常量 Null 是一种比较特殊的常量，它不等同于 0、空字符串或空格，也不等同于逻辑型的 true 或 false。在数据表中，如果一个地方什么内容都没有输入，则作为 Null 值处理。

4.3.2 变量

变量是命名的存储空间，用于存储可以改变的数据。Access 中的变量有内存变量、字段变量、控件和属性等。

在查询的条件表达式中使用字段变量时需要用方括号［ ］括起来，如，［学号］、［姓名］等。如果要使用不同表中的同名字段变量，引用的方式为"［表名］!［字段名］"，例如，"［成绩］!［学号］"表示"成绩"表中的"学号"字段。

4.3.3 函数

函数是预先定义的，可以执行计算、分析等处理数据任务的特殊公式。Access 中内置了大量功能丰富的函数，表 4-2 ～表 4-5 中列举了其中的一些常用函数。

💡**注意**：在 Access 中使用函数时的书写形式是"函数名（参数列表）"，其中的括号是不可以省略的，即使有的函数没有参数，也要加上里面不包含任何内容的括号。

表 4-2　数值函数

函 数 格 式	函 数 功 能
ABS（数值表达式）	返回数值表达式的绝对值
ROUND（数值表达式 1，数值表达式 2）	返回数值表达式 1 四舍五入后的值，数值表达式 2 指定四舍五入时保留的小数位数
INT（数值表达式）	返回数值表达式值的整数部分
SQR（数值表达式）	返回数值表达式值的平方根
SGN（数值表达式）	返回数值表达式值的符号值。当数值表达式值大于 0、等于 0、小于 0 时，分别返回 1、0、－1

表 4-3　字符函数

函 数 格 式	函 数 功 能
SPACE（数值表达式）	返回由数值表达式的值确定的空格个数组成的字符串
STRING（数值表达式，字符串表达式）	返回一个由字符表达式的第 1 个字符重复组成的指定长度为数值表达式值的字符串
LEFT（数值表达式，字符串表达式）	返回一个从字符串表达式中截取的字符串。截取的开始位置是字符串表达式的最左侧，截取的字符个数等于数值表达式指定的值
RIGHT（数值表达式，字符串表达式）	返回一个从字符串表达式中截取的字符串。截取的开始位置是字符串表达式的最右侧，截取的字符个数等于数值表达式指定的值
LEN（字符串表达式）	返回字符串表达式的字符个数
MID（字符串表达式，数值表达式 1，[数值表达式 2]）	返回一个从字符串表达式中截取的字符串。截取的开始位置是从字符串表达式的最左侧第"数值表达式 1"个字符，截取的字符个数等于"数值表达式 2"指定的值。"数值表达式 2"可省略，若省略，则截取到最后一个字符

表 4-4　日期和时间函数

函 数 格 式	函 数 功 能
DATE（）	返回当前系统日期，如 1999 - 10 - 11
TIME（）	返回当前系统时间，如 21：07：14
NOW（）	返回当前系统日期和时间，如 1999 - 10 - 11　21：07：14
YEAR（日期表达式）	返回日期表达式的年的值
MONTH（日期表达式）	返回日期表达式的月的值
DAY（日期表达式）	返回日期表达式的日的值
HOUR（日期表达式）	返回日期表达式的小时的值

表 4-5　统计函数

函 数 格 式	函 数 功 能
SUM（字符串表达式）	返回字段中值的总和。"字符串表达式"可以是一个数值型字段的字段名，或包含数值型字段的表达式
AVG（字符串表达式）	返回字段中值的平均值。"字符串表达式"可以是一个数值型字段的字段名，或包含数值型字段的表达式
COUNT（字符串表达式）	返回记录总个数。"字符串表达式"是字段名
MAX（字符串表达式）	返回指定字段中的最大值。"字符串表达式"可以是一个数值型字段的字段名，或包含数值型字段的表达式
MIN（字符串表达式）	返回指定字段中的最小值。"字符串表达式"可以是一个数值型字段的字段名，或包含数值型字段的表达式

表 4-6　其他函数

函 数 格 式	函 数 功 能
STR（数值表达式）	将"数值表达式"转换为字符串
VAL（字符串表达式）	返回包含在字符串中的数字，当遇到第一个不能识别为数字的字符时，结束转换
CHR（数值表达式）	将"数值表达式"转换为对应的 ASCII 码字符

函 数 格 式	函 数 功 能
IIF（条件表达式，表达式1，表达式2）	当"条件表达式"为真时返回"表达式1"的值，否则，返回"表达式2"的值
NZ（表达式1，表达式2）	当"表达式1"为"Null"时，返回表达式2指定的值
ISNULL（表达式）	当"表达式"为"Null"时，返回"真"，否则返回"假"

4.3.4 运算符

运算符用来将常量、变量以及函数组合成一个表达式。Access的运算符按功能划分为不同的种类，常用的有：算术运算符、比较运算符、逻辑运算符和连接运算符。

1. 算术运算符

算术运算符主要用于数值型数据间的运算，运算结果也是数值型数据。常用算术运算符见表4-7。

表4-7 常用算术运算符

运 算 符	说 明	示 例
^	乘方	3^2，代表3的2次方
*、/	乘、除	5*4/2，结果为10
\	整除	13\4，其值为舍弃小数后的整数3
MOD	求余	13 MOD 4，其值为13/4后的余数1，MOD运算符前后要有空格
+、-	加减、负号	12+3-8，结果为7；-（3+2）结果为-5

表4-7中运算符的优先级顺序按表中从上到下的顺序（"-"用做负号时，其优先级在"*、/"前）。在表达式中，用括号可以改变优先级次序。

2. 比较运算符

比较运算符用于同类型数据的比较，返回值为逻辑值。常用的比较运算符见表4-8。

表4-8 常用比较运算符

运 算 符	说 明	示 例
>	大于	3>4，表达式的值为False
<	小于	"A"<"a"，表达式的值为True
>=	大于等于	#1982/12/23#>=#1990/2/23#，表达式的值为False
<=	小于等于	4<=4，表达式的值为True
<>	不等于	"A"<>"a"，表达式的值为True
=	等于	"li"="李"，表达式的值为False

各个比较运算符之间无优先级之分，比较运算符的优先级低于算术运算符。

3. 逻辑运算符

逻辑运算符用于实现逻辑运算。常见的逻辑运算符及其功能见表4-9。

表 4-9　常用逻辑运算符

运 算 符	说 明	示 例
Not	逻辑非	Not（6 > 3），表达式的值为 False
And	逻辑与	6 > 3 And 7 < 6，表达式的值为 False
Or	逻辑或	6 > 3 Or 7 < 6，表达式的值为 True

表 4-9 中运算符的优先级顺序按表中从上到下的顺序。逻辑运算符的优先级低于算术运算符和比较运算符。

4. 连接运算符

连接运算符主要用于连接字符串，有"&"和"＋"两种连接运算符。

"&"可以实现强制将两个表达式连接成一个字符串。例如，"计算机"&"应用技术"&123，将返回"计算机应用技术 123"字符串。

"＋"连接两个字符串，要求加号两端的数据类型必须一致。例如，"计算机"＋"应用技术"，返回"计算机应用技术"字符串。而"计算机"＋"应用技术"＋123，则会返回"类型不匹配"的出错提示。

5. 其他常用运算符

还有一些常用的运算符与比较运算有关，这些运算符根据字段中的值是否符合这个运算符的限定条件返回 True 或 False，作为记录的筛选条件。表 4-10 列出了一些常见的此类型的运算符。

表 4-10　其他常用运算符

运 算 符	说 明	示 例
Between…And	设定范围在…之间	Between 10 And 20，介于 10～20 之间（包括 10 和 20）
Like	用于通配设定	Like "王 *"，以"王"开头的文字
In	用于集合设定，在…之内	In（"张","王"），等于"张"或"王"
Is	与 Null 一起使用	Is Null，表示是 Null 值 Is Not Null，表示不是 Null 值

表 4-10 中的"Like"运算符用于判断一个字符串能否与给定的模式匹配，其使用格式为"字符串 Like 模式"。模式通常是由普通字符和通配符组成的一种特殊字符串。当只知道要查询的字符串的一部分时，可使用 Like 运算符来查询数据库，找出与其相关的整个字符串。

表 4-11 列出了常和 Like 运算符一起使用的一些通配符。

表 4-11　常用通配符

通配符	说 明	示 例
*	表示 0 个或多个字符组成的字符串	Like "张 *"，以"张"开头的任意长度的字符串
?	表示任意一个字符	Like "张?"，以"张"开头的长度为 2 的字符串
[ ]	表示位于方括号内的任意一个字符	Like "［ABC］*"，以 A、B、C 中任一字符开头的字符串
[!]	表示不在方括号内的任意一个字符	Like "［! ABC］*"，以 A、B、C 外任一字符开头的字符串
[-]	表示指定范围内的任意一个字符	Like "［A - C］*"，以 A、B、C 中任一字符开头的字符串
#	表示任意一个数字字符	Like "2008###"，以 2008 开头的、后三位也是数字的、长度为 7 的字符串

4.3.5 表达式在查询中的应用

为了掌握在查询中使用表达式的方法，下面举例说明。

【例4-3】 建立一个查询，用于查询出爱好文学的、1985 年之后出生的同学记录。

（1）打开"学生成绩管理系统"，在数据库窗口对象列表中选择"查询"对象。

（2）双击数据库窗口中的"在设计视图中创建查询"选项，在"显示表"对话框中选择"学生"表添加到查询的设计视图中。

（3）向查询中添加字段。依据本例要求，向查询中添加"学生"表的所有字段显示。

（4）添加"出生年月"字段作为条件，在此字段的"条件"单元格中输入" > = #1985 -1 -1#"。由于前面已经添加过"学生"表的所有字段并显示，本字段只作为条件用，设置其"显示"单元格的复选框为不勾选。

（5）同样添加"remarks"字段作为条件，在此字段的"条件"单元格中输入"Like " * 文学 * ""。设置完后，设计视图如图4-9 所示。

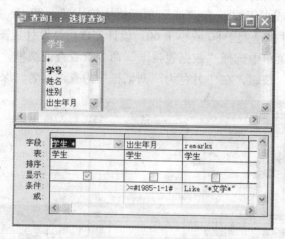

图 4-9 查询的设计

（6）从"视图"菜单中选择"数据表视图"命令查看查询结果，如图4-10 所示。

（7）单击"保存"按钮，在"另存为"对话框中为查询起名，保存查询。

	学号	姓名	性别	出生年月	班级编号	政治面貌	家庭住址	邮政编码	备注
▶	12008101	王文静	女	86年3月19日	1120081	团员	北京市城东区安外大街12号	100011	爱好文学
	12008103	孙西秋	男	86年11月3日	1120081	团员	河南省安阳市北关区西梁贡村前大街46号	461000	爱好文学、美术
	12008106	尹莉莉	女	85年8月26日	1120081	团员	河南省灵宝市新华东路六街坊169栋	461700	爱好文学、体育
	12008113	曹东阳	男	86年8月28日	1120082	团员	河南省周口市太康路3号	462500	爱好文学

记录： |◀ ◀ 1 ▶ ▶| ▶* 共有记录数: 4

图 4-10 查询结果

在设计视图中的设计会自动在后台生成对应的 SQL 语句，从"视图"菜单中选择"SQL 视图"命令可以查看。本例生成的 SQL 语句为：

```
SELECT 学生 . *
FROM 学生
WHERE ((( 学生 . 出生年月 ) > = #1/1/1985#) AND (( 学生 . remarks) Like " * 文学 * "))
```

可以看出，当在不同字段的"条件"单元格中输入条件表达式时，Access 将自动使用"AND"运算符来组合这些表达式。

【例4-4】 建立一个查询，用于查询出"Access"和"计算机基础"的考试成绩大于80分和小于60分的同学，要求查询结果中显示学生的姓名、课程名称和考试成绩。

（1）打开"学生成绩管理系统"，在数据库窗口对象列表中选择"查询"对象。

（2）双击数据库窗口中的"在设计视图中创建查询"选项，在"显示表"对话框中选择"学生"、"成绩"和"课程"表添加到查询的设计视图中。

（3）向查询中添加字段。依据本例要求，向查询中添加"学生"表中的"学生"字段、"课程"表中的"课程名称"字段、"成绩"表中的"考试成绩"字段。3 个字段对应的"显示"单元格中的复选框均被勾选。

（4）在"课程名称"的"条件"单元格中输入"Access"，"或"单元格中输入"计算机基础"，表明"课程名称"的筛选条件是等于"Access"或"计算机基础"。

（5）在"考试成绩"的"条件"单元格中输入" >80 Or <60"，表明"Access"成绩的筛选条件是大于80 或小于60，在"或"单元格中输入" >80 Or <60"，表明"计算机基础"成绩的筛选条件也是大于80 或小于60。设计完成后，设计视图如图 4-11 所示。

（6）从"视图"菜单中选择"数据表视图"命令查看查询结果，如图 4-12 所示。

（7）单击"保存"按钮，在"另存为"对话框中为查询起名，保存查询。

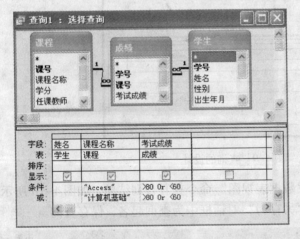

图 4-11　查询的设计　　　　　图 4-12　查询结果

在"SQL 视图"中可以看到查询生成的 SQL 语句为：

SELECT 学生. 姓名, 课程. 课程名称, 成绩. 考试成绩
FROM 学生 INNER JOIN (课程 INNER JOIN 成绩 ON 课程. 课号 = 成绩. 课号) ON 学生. 学号 = 成绩. 学号
WHERE (((课程. 课程名称) = "Access") AND ((成绩. 考试成绩) >80 Or (成绩. 考试成绩) <60)) OR (((课程. 课程名称) = "计算机基础") AND ((成绩. 考试成绩) >80 Or (成绩. 考试成绩) <60))

语句中的"INNER JOIN"是指以"内部联接"的方式将两个表联接。比较设计视图中的条件设置和 SQL 语句中的 WHERE 子句，可以看出，在表达式间进行"或"运算时，可以把参与运

算的表达式分别输入到"条件"行和"或"行中，或直接在表达式中使用"Or"运算符。

4.4　在查询中进行计算

前面介绍的查询所使用的字段值都是表中原有的字段值，在查询中还可以对原有的数据进行适当的加工，显示符合实际要求需要的结果，这就需要在查询中执行计算。

在 Access 中创建查询时，可以执行两类计算：汇总计算和自定义计算。汇总计算需要借助于系统提供的统计函数，而自定义计算需要通过定义表达式对查询中的字段实施需要的计算。

4.4.1　汇总查询

在实际应用中，经常需要对记录进行汇总统计。Access 提供了利用函数建立汇总查询的方式。

【例 4-5】　建立一个"团员人数"的查询，用于统计出团员的人数。

（1）打开"学生成绩管理系统"，在数据库窗口对象列表中选择"查询"对象。

（2）双击数据库窗口中的"在设计视图中创建查询"选项，在"显示表"对话框中选择"学生"表添加到查询的设计视图中。

（3）单击工具栏上的"总计"按钮 **Σ**。在查询的设计视图中会多出一个"总计"行，用于进行汇总查询的设计。

（4）向查询中添加"学号"字段，单击其对应的"总计"单元格的下拉按钮，在其中选择"计数（Count）"，表示对学号字段有内容的记录进行计数；将其对应的"显示"单元格中的复选框设置为选中状态；最后，在"字段"单元格中"学号"的前面输入"团员人数:"，表示为这个计数字段新命名为"团员人数"，在数据表视图中的查询结果中，本字段将以这个字段名显示。

（5）向查询中添加"政治面貌"字段作为条件。在其对应的"总计"单元格中选择"条件（Where）"；将其对应的"显示"单元格中的复选框设置为不选中状态；在"条件"单元格中输入"团员"。设计完成后，设计视图如图 4-13 所示。

（6）从"视图"菜单中选择"数据表视图"命令查看查询结果，如图 4-14 所示。

图 4-13　查询的设计

图 4-14　查询结果

（7）单击"保存"按钮，在"另存为"对话框中为查询起名"团员人数"，单击"确定"按钮保存查询。

在"SQL 视图"中可以看到生成的 SQL 语句为：

SELECT Count(学生 . 学号) AS 团员人数
FROM 学生
WHERE (((学生 . 政治面貌) = "团员"))

这里 Count（学生 . 学号）表示计算出符合条件的记录的个数，"AS 团员人数"表示将字段命名为"团员人数"。

4.4.2　分组汇总查询

例 4-5 中的汇总查询是对数据源中所有符合条件的记录进行汇总。在实际应用当中，通常需要将记录按一定规则进行分组，然后对每组记录进行汇总，称为分组汇总。执行分组汇总的结果是每组一条记录。

【例 4-6】　建立一个"每门课考试最高最低成绩"的查询，用于统计每门课的"考试成绩"的最高值和最低值。

（1）打开"学生成绩管理系统"，在数据库窗口对象列表中选择"查询"对象。

（2）双击数据库窗口中的"在设计视图中创建查询"选项，在"显示表"对话框中选择需要的表添加到设计视图。本例需要用到"课程名称"字段和"考试成绩"字段，因此添加"课程"表和"成绩"表。

（3）单击工具栏上的"总计"按钮 Σ，使查询的设计视图中出现"总计"行。

（4）向查询中添加"课程名称"字段，在其对应的"总计"单元格中选择"分组（Group by）"，表示按照"课程名称"的不同对记录进行分组；将其对应的"显示"单元格中的复选框设置为勾选状态。

💡注意："总计"单元格的下拉列表框中包含很多项，其中的总计（Sum）、平均值（Avg）、最大值（Max）、最小值（Min）、计数（Count）、标准差（StDev）、方差（Var）可以实现相应功能的汇总计算；第一条记录（First）用于指定符合条件的第一条记录、最后一条记录（Last）用于指定符合条件的最后一条记录；分组（Group by）用于指定进行汇总的分类字段，将该字段内容相同的统计为一组，作为一条记录显示；条件（Where）设定查询条件；表达式（Expression）用于创建一个计算字段。生成该字段的表达式中通常包含汇总函数。

（5）向查询中添加"考试成绩"字段，在其对应的"总计"单元格中选择"最大值（Max）"，表示求出每组中成绩的最大值；将其对应的"显示"单元格中的复选框设置为勾选状态。

（6）向查询中再次添加"考试成绩"字段，在其对应的"总计"单元格中选择"最小值（Min）"，表示求出每组中成绩的最小值；将其对应的"显示"单元格中的复选框设置为勾选状态。设计完成后设计视图如图 4-15 所示。

（7）从"视图"菜单中选择"数据表视图"命令查看查询结果，如图 4-16 所示。其中"考试成绩之最大值"和"考试成绩之最大值"是系统为考试成绩的最大值和最小值自动生成的字段名，如果不满意，可以转换到设计视图进行修改。

（8）最后单击"保存"按钮，在"另存为"对话框中为查询起名"每门课考试最高最低成绩"，单击"确定"按钮保存。

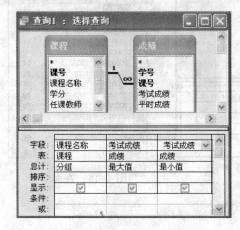

图 4-15　查询的设计　　　　　　　　　图 4-16　查询结果

在"SQL 视图"中可以看到生成的 SQL 语句为：

SELECT 课程．课程名称，Max（成绩．考试成绩）AS 考试成绩之最大值，Min（成绩．考试成绩）AS 考试成绩之最小值
FROM 课程 INNER JOIN 成绩 ON 课程．课号 = 成绩．课号
GROUP BY 课程．课程名称；

这里 Group by（课程．课程名称）表示将记录按课程名称进行分组。

💡注意：在对记录进行各种汇总运算时，汇总函数总是忽略计算包含空值的记录。

4.4.3　自定义计算

自定义计算就是在设计视图中直接创建计算字段。方法是在设计视图中的"字段"单元格中输入要新生成的字段的名称和生成该字段的值所用的计算表达式。格式为："新字段名：表达式"，其中表达式不可省略，如果没有输入新字段名，系统会自动为新生成的字段加上一个字段名。

【例4-7】　假如学生的平时成绩和考试成绩各占综合成绩的30%和70%，建立一个"综合成绩"的查询，查询出每个学生每门课的综合成绩，综合成绩中小数位数为零。

（1）打开"学生成绩管理系统"，在数据库窗口对象列表中选择"查询"对象。

（2）双击数据库窗口中的"在设计视图中创建查询"选项，在"显示表"对话框中选择"成绩"表添加到查询的设计视图中。

（3）向查询中添加"学号"、"课号"字段，并在字段对应的"显示"单元格中勾选复选框，将字段设置为显示。

（4）在第3列的"字段"单元格中输入："综合成绩：Round（［考试成绩］＊0.7＋［平时成绩］＊0.3，0）"。设计完成后，设计视图如图4-17所示。

（5）从"视图"菜单中选择"数据表视图"命令查看查询结果，如图4-18所示，然后单击"保存"按钮，将查询保存为"综合成绩"。

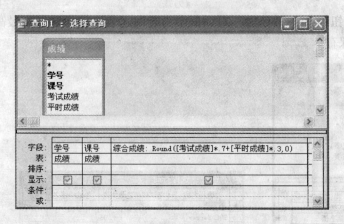

图 4-17 查询的设计　　　　　　　　　图 4-18 查询结果

在"SQL 视图"中可以看到生成的 SQL 语句为：

> SELECT 成绩. 学号, 成绩. 课号, Round([考试成绩] * 0.7 + [平时成绩] * 0.3, 0) AS 综合成绩
> FROM 成绩；

其中"Round（[考试成绩] * 0.7 + [平时成绩] * 0.3，0）AS 综合成绩"为自定义计算字段。

4.5　创建交叉表查询

交叉表查询用于对数据进行汇总或其他计算，并对这些数据进行分组。一组显示在数据表的左侧，另一组显示在数据表的上部，然后在数据表行和列的交叉处显示计算的值，使数据的显示更加直观、易读。

4.5.1　用向导创建交叉表查询

【例 4-8】　在"学生成绩管理系统"中建立一个"各班男女生人数"的交叉表查询，要求查询出各个班男女生的人数。

（1）打开"学生成绩管理系统"，在数据库窗口对象列表中选择"查询"对象。

（2）单击数据库窗口工具栏上的"新建"按钮 ，出现如图 4-19 所示的"新建查询"对话框，在其中选择"交叉表查询向导"。

（3）单击"确定"按钮启动交叉表查询向导。在如图 4-20 所示对话框中为交叉表查询向导选择数据源，这里选择"学生"表。

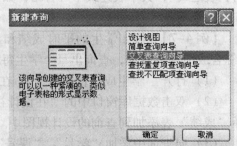

图 4-19　"新建查询"对话框

💡注意：用"交叉表查询向导"创建交叉表查询时，数据源可以来自表，也可以来自查询，但数据源只能是在一个单一的表或查询中。因此，如果数据源来自于多个表，要先基于这些表建立一个查询。

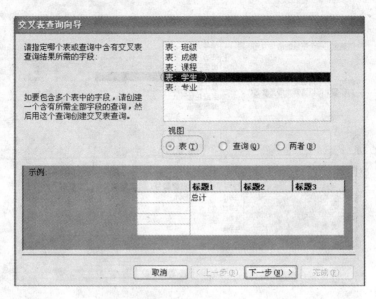

图 4-20 选择数据源

（4）单击"下一步"按钮，然后为交叉表查询选择行标题，在"可用字段"列表框中将"性别"字段添加到"选定字段"列表框中，将其作为交叉表的行标题，如图 4-21 所示。从图 4-21 的下部的"示例"中可以看出在结果中"性别"字段的分组值将列在结果表的左侧，作为交叉表行的标题。

注意：用向导创建交叉表查询最多可选 3 个字段作为行标题。

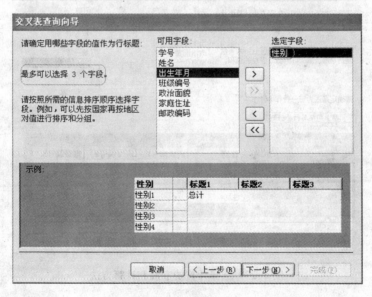

图 4-21 选择行标题

（5）单击"下一步"按钮，然后选择"班级编号"字段作为交叉表的列标题，如图 4-22 所示。从图 4-22 的下部的"示例"中可以看出在结果中"班级编号"字段的分组值将列在结果表的上部，作为交叉表列的标题。

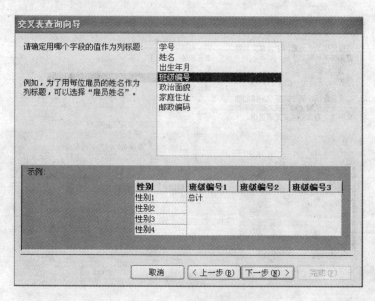

图 4-22　选择列标题

（6）单击"下一步"按钮，在接下来的对话框中确定为每个行和列的交叉点计算出什么数字，在本界面中要确定对哪个字段进行什么样的运算填入行列交叉点。本例要求按照性别（行）统计不同班级（列）的人的个数，所以选择对"学号"字段进行"计数"，并且不进行各行小计（即不对各行值求和），设置如图 4-23 所示。

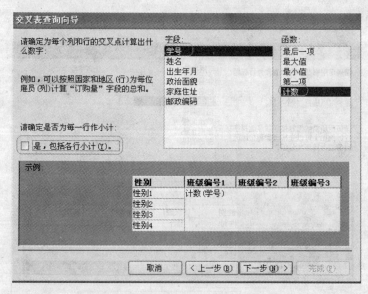

图 4-23　选择计算的字段和计算方法

（7）单击"下一步"按钮，在接下来的界面中为查询起名"各班男女生人数"，然后单击"查看查询"单选按钮，如图 4-24 所示。最后单击"完成"按钮查看查询结果，如图 4-25 所示。

以上步骤完成后会在数据库窗口中出现新建立的查询"各班男女生人数"，可以看到交叉表查询的图标为 ▦ ，和选择查询图标 ▥ 是不同的。

图 4-24 为查询命名

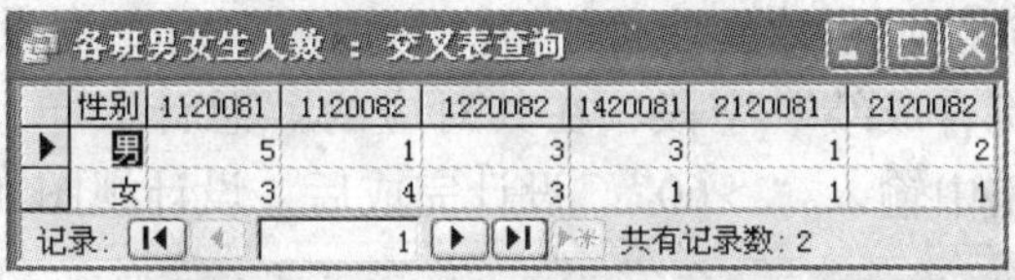

图 4-25 查询结果

4.5.2 用设计器创建交叉表查询

用向导建立交叉表查询有种种限制,如数据源只能来自单一的表或查询,行标题字段最多选择 3 个等。而用设计器建立交叉表查询则无这些限制,并且具有更大的灵活性。

【例 4-9】 学生一门课程综合成绩及格才能得到该门课的学分,建立一个"学生学分"的交叉表查询,查询出每个学生所修各门课程的学分和学生的总学分。

(1)打开"学生成绩管理系统",在数据库窗口对象列表中选择"查询"对象。在数据库窗口中双击"在设计视图中创建查询"选项,打开查询设计视图。

(2)从"显示表"对话框中将表"学生"、"课程"和查询"综合成绩"添加到设计视图。

(3)选择"查询"菜单下的"交叉表"查询选项。可以看到和普通的"选择查询"相比,设计视图下方的设计网格中多了一个"交叉表"行和"总计"行,少了一个"显示"行。"总计"行的作用和创建汇总查询时"总计"行的作用一样,用于实现分组和各种汇总运算。把光标定位到"交叉表"行的单元格中,单击单元格中的下拉按钮,可以看到其中有 4 个选项,分别为"行标题"、"列标题"、"值"、"不显示"。"行标题"指定该字段的分组值显示在交叉表的左侧作为行标题;"列标题"指定该字段的分组值显示在交叉表的上部作为列标题;"值"指定该字段经过一定运算后填在行列交叉点处;"不显示"表明该字段在结果中不显示。创建交叉表查询,必须指定一个或多个"行标题"、一个"列标题"和一个"值"。

(4)为查询设置行标题。方法是在"字段"行单元格中分别选中"学号"和"姓名"字段;在其对应的"总计"单元格中选择"分组";在其对应的"交叉表"单元格中选择

“行标题”，如图 4–26 所示。

（5）为查询设置列标题。方法是在“字段”行单元格中选中“课程名称”字段；在其对应的“总计”单元格中选择“分组”；在其对应的“交叉表”单元格中选择“列标题”，如图 4–26 所示。

（6）为查询设置值。方法是在“字段”行单元格中选中“学分”字段；在其对应的“总计”单元格中选择“最大”；在其对应的“交叉表”单元格中选择“值”，如图 4–26 所示。

注意：由于按“学号”、“姓名”和“课程”名称分组后成绩值只有一个，所以这里在“总计”处选择“最大”、“最小”、“平均”等得到的结果是一样的。请读者自己思考，这里“总计”处的汇总函数中还有哪些是可以选的，哪些是不能选的。

（7）创建计算字段“总学分”。方法是在第 5 个空白列的“字段”行单元格中输入：“总学分：sum（［学分］）”；在其对应的“交叉表”单元格中选择“行标题”。

注意：完成步骤（7）的设置后，当把光标移到设计视图中的其他列时，对“总学分”字段的设置会自动变为如图 4–26 所示的样子，也可以直接按照图 4–26 中的样子输入，请读者体会二者之间的联系。

（8）由于只有综合成绩及格才能取得学分，所以需要对查询设置条件。方法是在“字段”行单元格中选中“综合成绩”字段；在其对应的“总计”单元格中选择“条件”；在其对应的“条件”单元格中输入“ >60”。设计完成后，设计视图如图 4–26 所示。

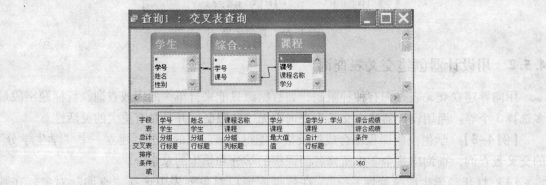

图 4–26　查询设计

（9）单击工具栏上的“视图”按钮，转换到数据表视图，可以看到查询结果如图 4–27 所示。

学号	姓名	总学分	Access	SQL Server	会计实务	计算机基础	企业管理
12008101	王文静	16	6	6		4	
12008102	刘阳	10	6			4	
12008103	孙西秋	16	6	6		4	
12008104	钱南复	16	6	6		4	
12008105	李北东	16	6	6		4	
12008106	尹莉莉	16	6	6		4	
12008110	蒋小诗	12	6	6			
12008111	张丽君	4				4	
12008113	曹东阳	6	6				
12008204	王文娟	10		6		4	
12008206	陶骏	6	6				
12008208	王双龙	6	6				
22008101	刘东升	15			5	4	6
22008102	崔飞飞	15			5	4	6
22008103	王浩生	11			5		6
22008104	李明	11			5		6

记录：1 共有记录数：16

图 4–27　查询结果

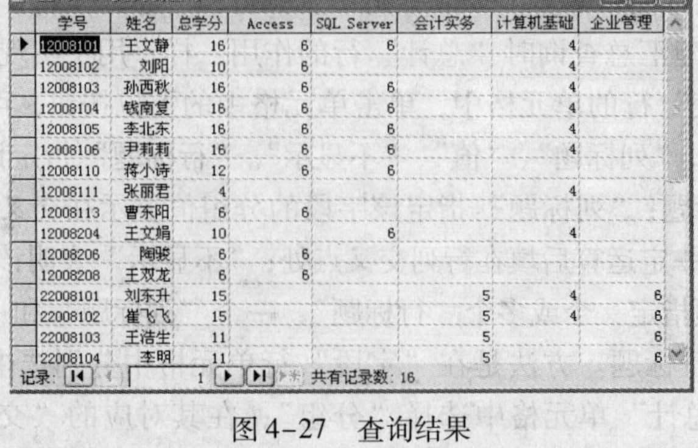

（10）单击"保存"按钮，将查询保存为"学生学分"。

4.6 创建参数查询

参数查询在执行时显示对话框以提示用户输入信息。例如，可以设计参数查询提示输入两个日期，然后 Access 检索在这两个日期之间的所有记录。将参数查询作为窗体、报表和数据访问页的基础数据也很方便。例如，可以以参数查询为基础来创建月盈利报表。打印报表时，Access 显示对话框来询问报表所需涵盖的月份。在输入月份后，Access 便打印相应的报表。

参数查询不是一种独立的查询类型，它是嵌入到其他类型的查询中使用的。

【例4-10】 建立一个查询，在查询运行时让用户输入学生的爱好，检索出有此爱好的同学的记录。

（1）打开"学生成绩管理系统"，在数据库窗口对象列表中选择"查询"对象。在数据库窗口中双击"在设计视图中创建查询"选项，打开查询设计视图。

（2）选择"显示表"对话框中的"学生"表添加到设计视图中。

（3）在设计网格的"字段"行中添加"学生"表的所有字段到查询中，将其"显示"行对应单元格复选框勾选。

（4）在设计网格的"字段"行中添加"学生"表的"remarks"字段，作为参数条件字段。设置其"显示"行对应单元格复选框为不勾选；在其"条件"行对应单元格中输入"Like" * " & ［请输入爱好］ & " * ""。设计完成后的设计视图如图4-28所示。

💡注意：设计参数查询的方法是在用做参数的字段的"条件"单元格中输入一个表达式，并在方括号内输入相应的提示，方括号内的提示不能和字段名完全相同。一个参数查询中可以包含多个参数。

（5）单击"视图"按钮转换到数据表视图，在如图4-29所示的"输入参数值"对话框中输入爱好，如摄影，单击"确定"按钮，会显示如图4-30所示的查询结果。

（6）最后单击"保存"按钮，在"另存为"对话框中为查询起名，保存查询。

图4-28 查询设计图

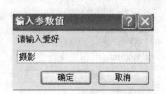

图4-29 输入查询参数

图 4-30 查询结果

如果在交叉表查询中使用参数查询,需要为参数指定数据类型。

【例 4-11】 在例 4-9 所建立的交叉表查询的基础上建立参数查询,要求查询运行时提示输入学号,按输入的学号显示学生学分情况。

(1)按照例 4-9 中步骤(1)~(7)建立交叉表查询。

(2)在设计网格中"学号"字段对应的"条件"行单元格中输入"[请输入学号]",如图 4-31 所示。

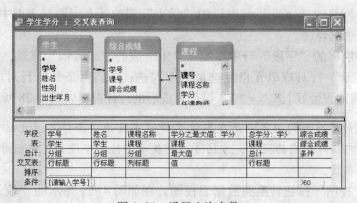

图 4-31 设置查询参数

(3)选择"查询"菜单下的"参数"选项,在弹出的"查询参数"对话框中为参数指定数据类型。方法是在"查询参数"的"参数"列中输入条件参数方括号内的提示信息,在"数据类型"列选择该参数的数据类型。本例的设置如图 4-32 所示。设置完后单击"确定"按钮。

(4)单击"视图"按钮转换到数据表视图,在如图 4-33 所示的"输入参数值"对话框中输入学号,单击"确定"按钮,显示如图 4-34 所示的查询结果。

(5)最后单击"保存"按钮保存查询。

图 4-32 指定查询参数和数据类型

图 4-33 输入参数

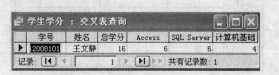

图 4-34 查询结果

4.7 创建操作查询

前面所介绍的查询都不更改源表中的数据，而操作查询可更改数据库中的数据。可以用操作查询实现对记录的成批量的更改。操作查询包括生成表查询、追加查询、更新查询和删除查询4种。

4.7.1 创建生成表查询

生成表查询可以将查询的结果保存下来，生成一个新表。利用生成表查询可以根据一个或多个表中的数据创建新表。

【例4-12】 利用生成表查询生成"无成绩学生"表。要求生成的表中包含没有成绩记录的学生的"学号"、"姓名"、"班级名称"。

（1）打开"学生成绩管理系统"，在数据库窗口对象列表中选择"查询"对象。在数据库窗口中双击"在设计视图中创建查询"选项，打开查询设计视图。

（2）选择"显示表"对话框中的"学生"、"班级"表添加到设计视图中。

（3）从"查询"菜单中选择"生成表查询"命令，出现如图4-35所示的"生成表"对话框，为表起名为"无成绩学生"，位置是当前数据库，然后单击"确定"按钮。

图4-35 "生成表"对话框

（4）在设计网格的"字段"行中添加"学号"、"姓名"、"班级名称"字段。各个字段对应"显示"行单元格中的复选框均勾选。

（5）在"学号"字段对应的"条件"行单元格中输入"Not In（select 成绩 . 学号 from 成绩）"。完成后的设计视图如图4-36所示。

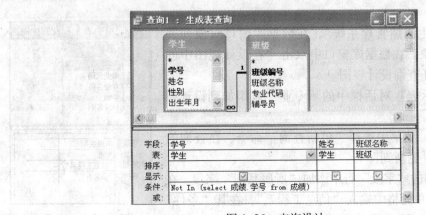

图4-36 查询设计

（6）单击"视图"按钮，转换到数据表视图，预览将生成新表的数据，以确保数据正确。

💡**注意：**操作查询从其他视图转换到数据表视图时只是预览查询结果中将涉及的记录。想达到操作查询更改数据库内容的效果必须运行查询。运行的方法是双击该查询或选中该查询后单击"运行"按钮 📜 。

（7）单击"保存"按钮，为查询起名为"生成无成绩学生备份"。

（8）单击"运行"按钮，出现如图4-37所示的提示对话框，单击"是"按钮运行查询。

图4-37 生成表查询提示

回到数据库窗口后，可以发现多了两个对象，一个是"表"对象"无成绩学生"，其中的记录和建立查询时（5）中预览到的数据相同；一个是"查询"对象"生成无成绩学生备份"，该查询的图标是 📜 ，和其他查询的图标不同，是生成表查询独有的图标。执行查询后，查询数据源表中的数据并不发生变化。

查看上述查询的 SQL 视图，可以看到其对应的 SQL 语句为：

> SELECT 学生 . 学号，学生 . 姓名，班级 . 班级名称 INTO 无成绩学生
> FROM 班级 INNER JOIN 学生 ON 班级 . 班级编号 = 学生 . 班级编号
> WHERE ((（学生 . 学号）Not In（select 成绩 . 学号 from 成绩）))

其中的"INTO 无成绩学生"表示生成一个新表"无成绩学生"，并将符合条件的记录填入该表中。

4.7.2 创建更新查询

如果需要对数据表中的某些数据进行有规律的成批更新替换操作，就可以使用更新查询来实现。

【例4-13】 创建更新查询，将"专业"表中"所属系别"中的"信息系"改为"信息工程系"。

（1）打开"学生成绩管理系统"，在数据库窗口对象列表中选择"查询"对象。在数据库窗口中双击"在设计视图中创建查询"选项，打开查询设计视图。

（2）选择"显示表"对话框中的"专业"表添加到设计视图中。

（3）从"查询"菜单中选择"更新查询"命令，在查询的设计网格中会出现"更新到"行。

（4）在设计网格的"字段"行中添加"所属系别"字段。在其对应的"更新到"单元格中输入"信息工程系"，在其"条件"单元格内输入"信息系"。设计完成后，设计视图如图4-38

图4-38 查询设计

所示。

(5) 单击"视图"按钮，转换到数据表视图，预览操作将涉及的数据。

(6) 关闭并保存查询，为查询起名为"更改系名"，在数据库窗口中可以看到更新查询的图标是 ，和其他查询的图标不同，是更新查询独有的图标。

(7) 双击运行"更改系名"查询，出现如图4-39所示的提示对话框。单击"是"按钮，如果找到满足条件的记录，就会提示将有几条记录会被更新，如图4-40所示，单击"是"按钮，更新操作将执行。

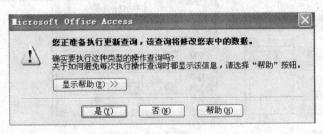

图4-39　提示对话框　　　　　　　图4-40　确认执行更新

执行更新操作后，打开"专业"表进行查看，可以看到表中的数据已经改变。

查看上述查询的 SQL 视图，可以看到其对应的 SQL 语句为：

```
UPDATE 专业 SET 专业 . 所属系别 = "信息工程系"
WHERE (((专业 . 所属系别) = "信息系"))
```

4.7.3　创建追加查询

追加查询可以将一组记录追加到已经存在的表的末尾。当需要从一个已经存在的表中成批添加记录到另一个已经存在的表时，可以用创建追加查询实现添加，而不用将表中的记录再次一一输入。

【例4-14】　创建追加查询"增加不及格学生"，将综合成绩不及格的学生的学号、班级名称追加到例4-12中生成的"无成绩学生"表中。

(1) 打开"学生成绩管理系统"，在数据库窗口对象列表中选择"查询"对象。在数据库窗口中双击"在设计视图中创建查询"选项，打开查询设计视图。

(2) 选择"显示表"对话框中的"学生"表、"综合成绩"查询并添加到设计视图中。

(3) 从"查询"菜单中选择"追加查询"命令，出现"追加"对话框，选择要将记录追加到的表所在的数据库和表的名称，本例选择当前数据库中的"无成绩学生"表，如图4-41所示。单击"确定"按钮后，在设计网格中会增加一个"追加到"行，隐藏"显示"行。

(4) 在设计网格的"字段"行选择"学号"字段，在其对应的"追加到"行中会出现"学号"，表明将学生表的"学号"追加到"无成绩学生表"的"学号"。

💡注意：如果在两个表中有相同名称的字段，Access 将自动在"追加到"行中填入相同的名称。如果在两个表中并没有相同名称的字段，需在"追加到"行中选择所要追加到表中字段的名称。

(5) 在设计网格第二列的"字段"行选择"姓名"字段，在其对应的"追加到"行中会出现"姓名"。

（6）在设计网格第3列的"字段"行选择"综合成绩"字段，在其对应的"条件"行输入"＜60"。设计完成后的设计视图如图4-42所示。

图4-41　"追加"对话框图

图4-42　查询设计

（7）单击"视图"按钮，转换到数据表视图，预览操作将涉及的数据，以确认其正确。

（8）关闭并保存查询，为查询起名为"追加不及格学生"，在数据库窗口中可以看到追加查询的图标是 ，这是追加查询独有的图标。

（9）双击运行"追加不及格学生"查询，出现如图4-43所示的提示对话框。单击"是"按钮，如果找到满足条件的记录，就会提示将有几条记录会被追加，如图4-44所示，单击"是"按钮，追加操作将执行。

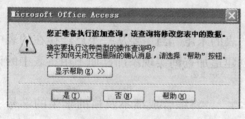

图4-43　提示对话框

图4-44　确认执行追加

运行追加操作后，打开成绩表查看，可以看到有两条符合条件的记录追加到"无成绩学生"表中。

💡注意：被追加到的表必须已经存在与追加数据相匹配的字段，被追加到的表中有些字段可以不被追加值，如本例中的"班级名称"字段，此时这些字段的值为空。

查看上述查询的 SQL 视图，可以看到其对应的 SQL 语句为：

INSERT INTO 无成绩学生（学号，姓名）
SELECT 学生．学号，学生．姓名
FROM 学生 INNER JOIN 综合成绩 ON 学生．学号 ＝ 综合成绩．学号
WHERE （（（综合成绩．综合成绩）＜60））

4.7.4　创建删除查询

删除查询可以一次从一个表中删除多条符合条件的记录。

【例4-15】 创建删除查询以删除例4-14中向"无成绩学生"表中追加的两条记录。

分析"无成绩学生"表中的记录，刚刚追加记录的"班级名称"字段的值是空的，可以以此作为删除记录的条件。

（1）打开"学生成绩管理系统"，在数据库窗口对象列表中选择"查询"对象。在数据库窗口中双击"在设计视图中创建查询"选项，打开查询设计视图。

（2）选择"显示表"对话框中的"无成绩学生"表添加到设计视图中。

（3）从"查询"菜单中选择"删除查询"命令。查询的设计网格将有所变化，出现"删除"行，隐藏"显示"行和"排序"行。

（4）在设计网格的"字段"行中添加"班级名称"字段，在其对应的"删除"行单元格中出现"Where"，在"条件"行单元格中输入"Is Null"。设计完成后，设计视图如图4-45所示。

（5）单击"运行"按钮 运行查询，出现如图4-46所示的提示。单击"是"按钮，将执行删除查询。查询运行后可看到例4-14中添加的两条记录被删除掉了。

图 4-45 查询的设计

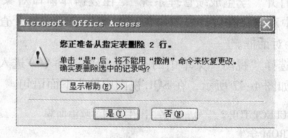

图 4-46 确认删除

（6）保存并关闭查询设计器，回到数据库窗口，可看到新建立的删除查询的符号为 。

注意：如果在表间建立了关系，并实施了级联更新和级联删除。更新查询和删除查询在对主表中记录进行更新和删除时，会同时更新和删除从表中相关的记录。

查看上述查询的 SQL 视图，可以看到其对应的 SQL 语句为：

DELETE 无成绩学生．班级名称
FROM 无成绩学生
WHERE (((无成绩学生．班级名称) Is Null))

注意：所有操作查询的操作都是不能用"撤销"命令进行恢复的，所以执行这些查询前要做好必要的备份。

4.8 创建 SQL 查询

SQL 是"Structured Query Language"（结构化查询语言）的缩写，它是一种对关系数据库进行查询和管理的工具。SQL 查询是用户直接使用 SQL 语句创建的查询。所有的 Access 查询都可以用 SQL 语句实现，但并不是所有的 Access 查询都可以用设计器实现。

在用设计器创建查询时，Access 将在后台为设计生成相应的 SQL 语句。在前面用设计器创建查询时曾经在 SQL 视图中简单了解过设计对应的 SQL 语句。在所有的 SQL 语句中，SELECT 语句是创建 SQL 查询时应用最多的一个语句。

SELECT 语句的语法包括 5 个主要的子句，其一般结构如下。

> SELECT［ALL ｜ DISTINCT］列名
> FROM　表名
> ［WHERE　查询条件］
> ［GROUP BY　要分组的列名］
> ［HAVING　分组条件］
> ［ORDER BY　要排序的列名］

创建 SQL 查询的方法是在查询的 SQL 视图中直接输入 SQL 语句。

【例 4-16】　创建查询"大年龄团员"，查询出团员中年龄最大的两个同学。

（1）打开"学生成绩管理系统"，在数据库窗口对象列表中选择"查询"对象。在数据库窗口中双击"在设计视图中创建查询"选项，打开查询设计视图，并关闭随之打开的"显示表"对话框。

（2）选择"视图"菜单中的"SQL 视图"命令，进入查询的 SQL 视图。

（3）如图 4-47 所示，在 SQL 视图中输入下面语句。

> SELECT TOP 2 学号, 姓名, 出生年月, 政治面貌
> FROM 学生
> WHERE 政治面貌 = "团员"
> ORDER BY 出生年月

（4）从"视图"按钮下拉列框中选择"数据表视图"，可以看到查询运行的结果如图 4-48 所示。

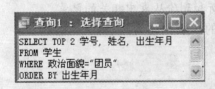

图 4-47　在 SQL 视图中输入语句

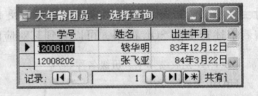

图 4-48　查询运行结果

（5）单击"保存"按钮，为查询起名为"大年龄团员"。

从"视图"按钮下拉列框中选择"设计视图"，可以看到在设计视图中有该 SQL 查询等效的设计，如图 4-49 所示。其中"取年龄最大的两个同学"是通过对"出生年月"字段按升序排列后在上限值框中输入 2（表示取查询结果的前两条记录）得到的。

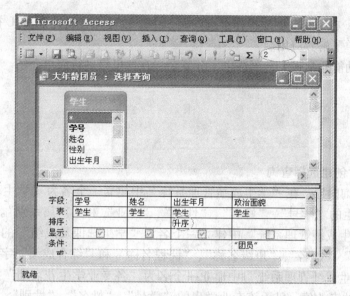

图 4-49　设计视图中的等效设计

【例 4-17】　创建查询检索出专业表中的学生的所属系别，要求检索出的系别不能有重复。

如果直接在设计视图中按照如图 4-50 所示设计创建该查询，则检索出的系别会有重复，要消除重复的行，在设计视图中是无法实现的，必须在 SQL 视图中对查询语句进行限制。

可以用创建 SQL 查询的方法（具体步骤同例 4-16），直接在查询的 SQL 视图中输入语句 "SELECT DISTINCT 专业 FROM 学生"（"DISTINCT" 表示消除结果中的重复记录）；也可以在图 4-50 设计的基础上，转换到 SQL 视图，在设计生成的对应 SQL 语句中加入 "DISTINCT"。两种方法都可以产生如图 4-51 所示的结果。

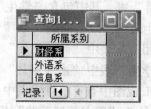

图 4-50　有重复的查询设计　　图 4-51　消除重复记录后查询的运行结果

在 SQL 查询中，操作查询语句也是比较常用的。操作查询语句有：生成表查询语句（SELECT…INTO）、更新查询语句（UPDATE）、追加查询语句（INSERTINTO）、删除查询语句（DELETE），在 4.7 节创建操作查询的例子中，通过查看设计在 SQL 视图中对应的查询语句，可以简单了解其应用。

SQL 语句的功能非常强大，语法也十分复杂，在这里只进行简单介绍。详细的应用可以参考相关书籍。

实训

【实训 4-1】创建选择查询

（1）利用查询向导，在"学生成绩管理系统"中建立一个名为"学生基本情况"的查询，要求显示学生的"学号"、"姓名"、"性别"、"专业"和"所属系别"。

（2）在"学生成绩管理系统"中建立一个名为"学生选课及成绩"的查询。要求在结果中显示"学号"、"姓名"、"班级名称"、"课程名称"和"综合成绩"字段。

（3）在"学生成绩管理系统"中建立一个名为"各专业学生花名册"的参数查询。要求根据用户输入的专业值，显示该专业学生的"学号"、"姓名"、"性别"。

【实训 4-2】创建包含计算的查询

（1）在"学生成绩管理系统"中建立一个名为"85 年出生人数"的查询，要求显示出 1985 年出生的人数。

（2）在"学生成绩管理系统"中建立一个名为"各学生平均分"的查询。要求查询出各个学生的综合成绩的平均分。

（3）在"学生成绩管理系统"中建立一个名为"各课程优秀率和不及格率"的查询，要求查询出各课程的优秀率和不及格率（提示：用"Sum（If（［成绩］＞85，1，0））"可以统计出成绩优秀的学生人数，用 Count（*）可以统计出总人数，用二者的比可以算出优秀率）。

【实训 4-3】创建交叉表查询

（1）在"学生成绩管理系统"中建立一个名为"各辅导员所带学生人数"的查询，要求统计各个辅导员所带的学生人数。

（2）在（1）中建立的"各辅导员所带学生人数"查询中嵌入参数查询，要求根据用户输入的辅导员姓名，统计出该辅导员所带的学生人数。

【实训 4-4】创建操作查询和 SQL 查询

（1）在"学生成绩管理系统"中建立一个名为"团员信息"的生成表查询，用该查询可以生成"团员"表，其中包含"学生"表中"政治面貌"是"团员"的记录。

（2）将学生表中"政治面貌"是"党员"的记录追加到"团员"表中。

（3）将"团员"表中"政治面貌"是"党员"的记录删除。

（4）将"学生"表中"出生年月"的年份增加 1。

（5）在 SQL 视图中查看本章实训中所建查询对应的 SQL 语句。

【实训 4-5】为"图书管理系统"设计相关查询

（1）建立"图书信息查询"，使用户能以书的书号、书名、作者、出版社中的任意一个信息为参数，查询图书基本信息。

（2）建立"学生图书借阅情况"查询，能按照学生的学号查询学生借阅情况，其中包括学号、姓名、系部、班级、书号、书名、单价、借书时间、还书时间。

（3）建立"修改图书现存量"查询，能根据输入的图书号对"图书表"中的库存数量做相应修改（加1或减1）。

（4）建立"修改学生借阅情况"查询，能根据输入的学号在"学生借阅信息表"中增加一条借阅记录。

思考题

1. 查询的作用是什么？查询有哪几种视图？
2. 查询有哪些类型，各自的作用是什么？
3. 如何在查询中创建新的字段？
4. 分组汇总查询的意义是什么？
5. 交叉表查询的特点是什么？

第5章 创建和使用窗体对象

5.1 窗体概述

窗体是用户对数据库进行操作的界面，是 Access 数据库用来和用户进行交互的主要工具。一个好的数据库管理系统，不仅数据结构设计要合理，而且还要有一个功能完善、对用户友好的界面，使用户能非常方便地通过这个界面实现系统的各种功能，这个界面就要靠窗体来实现。

5.1.1 窗体的作用

总的来说，窗体的作用有以下几个方面。

（1）显示和编辑数据。这是窗体最主要也是最基本的功能。用户可以自己设计窗体的布局和风格，显示数据库中的数据。窗体以表或查询作为数据源，显示的数据可以是表或查询中的原始数据，也可以是对这些数据进行查询或计算的结果。通过窗体还可以对表中的数据进行各种编辑操作，如对表中数据的添加、修改和删除等。

（2）和用户进行交互。窗体可以接收用户的输入信息，并根据不同的输入信息进行不同的响应。还可以发出警告或提示信息，为用户的后续操作提供信息。

（3）控制程序的运行次序。在作为控制界面的窗体上经常放置一个系统的各种功能项，用户可以通过选择不同的功能项执行不同的操作，控制程序的运行次序。

（4）打印数据。虽然打印数据是报表的主要功能，但利用窗体也可以打印指定的数据。

5.1.2 窗体的分类

不同类型的窗体可以用来满足不同的功能需求。根据窗体的设计和表现形式不同，可以把窗体分为单页窗体、多页窗体、连续窗体、子窗体和弹出式窗体等类型。

1. 单页窗体

如果一个记录中包含的信息在一个窗体就能完全显示，则这种窗体称为单页窗体。当需要显示的内容中包含信息不太多时，用单页窗体完全可以满足要求，如图5-1所示。

2. 多页窗体

如果一个记录中包含的内容较多，利用一个单页窗体无法完全显示，此时可以使用选项卡控件来创建多页窗体，将要显示的内容分布在一个窗体的多个页上显示，如图5-2所示，单击"学生基本情况"选项卡可以查看学生的基本信息，单击"学生成绩"选项卡可以查看学生的成绩信息。

3. 连续窗体

如果一个记录中包含的信息量较少，则可以用一个窗体显示多条记录，这种窗体称为连续窗体，如图5-3所示。

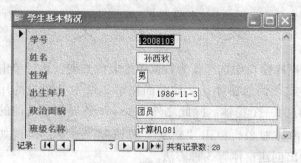

图 5-1　单页窗体

图 5-2　多页窗体

4. 子窗体

　　子窗体是包含在另外一个基本窗体中的窗体，基本窗体也称为主窗体。如图 5-4 所示为一个包含子窗体的窗体。子窗体主要用来显示具有一对多关系的表或查询中的数据，根据主窗体和子窗体之间的联系，使子窗体显示与主窗体中当前记录相关的记录。

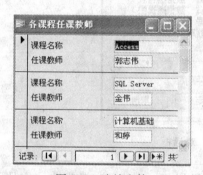

图 5-3　连续窗体

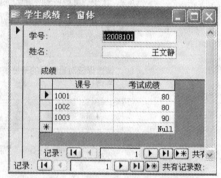

图 5-4　子窗体

5. 弹出式窗体

　　弹出式窗体用于显示信息或提示用户输入数据。即使其他窗体处于活动状态，弹出式窗体也会处于所有窗口的最上面。弹出式窗体可以采用独占方式和非独占方式。独占方式是指在弹出式窗体处于打开状态时，不能对其他数据库对象进行操作；非独占方式是指在弹出式窗体处于打开状态时，叮以对其他数据库对象进行操作，如图 5-5 所示。

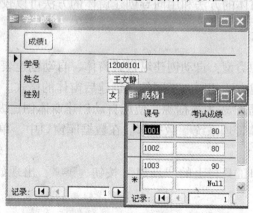

图 5-5　弹出式窗体

5.2 快速创建窗体

创建窗体有很多种方法。例如，在数据库窗口中选择作为数据源的表或查询，然后单击自动窗体图标 图 ▼，就可创建出基于该表或查询的窗体；又如前面在第 2 章中介绍过的用"另存为"的方法把一个表或查询直接保存为一个窗体。除此之外，Access 还提供了其他的建立窗体的方法。在数据库窗口中选择窗体对象，单击"新建"按钮 图 新建(N)，出现如图 5-6 所示"新建窗体"对话框，可以看出创建窗体有 3 种方法。

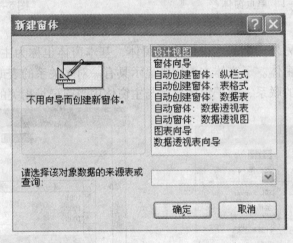

图 5-6　"新建窗体"对话框

（1）自动窗体：可以用"自动创建窗体"创建纵栏式、表格式、数据表式窗体，也可以用"自动窗体"创建数据透视表、数据透视图窗体。其中"自动创建窗体"在配置完数据源后可以自动生成相应格式的窗体，"自动窗体"在配置完数据源后还需进行进一步的手动配置。

（2）使用向导创建窗体：包含窗体向导、图表向导、数据透视表向导。

（3）使用设计器创建窗体。

其中使用自动创建窗体的方法和用向导创建窗体的方法可以较快速地创建窗体。

5.2.1 自动创建窗体

自动创建窗体有 3 种类型：自动创建纵栏式窗体、自动创建表格式窗体和自动创建数据表式窗体。这三者的创建方法相同，不同的是创建后窗体的格式。

【例 5-1】 以"课程"表为数据源，使用自动创建窗体创建纵栏式窗体"课程"。

（1）打开"学生成绩管理系统"数据库。在数据库窗口中，单击对象列表中的"窗体"对象，如图 5-7 所示。

（2）单击数据库窗口工具栏上的"新建"按钮 图 新建(N)，出现如图 5-6 所示的"新建窗体"对话框。

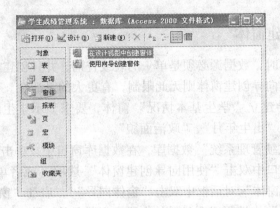

图 5-7 在对象列表中选择"窗体"对象

（3）在如图 5-6 所示"新建窗体"对话框中选择"自动创建窗体：纵栏式"，然后单击"请选择该对象数据的来源表或查询"右边的下拉按钮 ，从中选择窗体的数据源，可以是表也可以是查询，这里选择"课程"表，如图 5-8 所示。

（4）单击"确定"按钮，可生成如图 5-9 所示的纵栏式窗体。

（5）单击"保存"按钮，在"另存为"对话框中为窗体起名"课程"，单击"确定"按钮保存窗体。

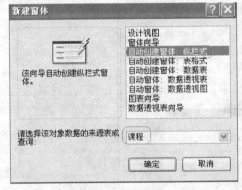

图 5-8 设置数据源

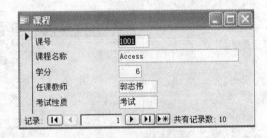

图 5-9 纵栏式窗体

纵栏式窗体的特点是一次只显示一条记录，并且记录中的字段是纵向排列的。如果在（2）中选择"自动创建窗体：表格式"或"自动创建窗体：数据表"，将自动创建表格式或数据表式窗体，如图 5-10 和图 5-11 所示。

图 5-10 表格式窗体图

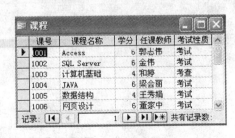

图 5-11 数据表式窗体

5.2.2 使用向导创建窗体

使用自动创建窗体时，数据源必须是单一的表或查询，并且创建出的窗体中要包含数据源中的全部字段。使用向导创建窗体则无此限制，有更大的灵活性。

【例5-2】 用向导建立"学生基本情况"窗体，要求显示学生的"学号"、"姓名"、"性别"、"班级名称"、"出生年月"、"政治面貌"。

（1）打开"学生成绩管理系统"数据库，在数据库窗口中，单击对象列表中的"窗体"对象。然后在数据库窗口中双击"使用向导创建窗体"选项（或者单击"新建"按钮，在如图5-6所示的"新建窗体"对话框中双击"窗体向导"），启动"窗体向导"。

（2）在"窗体向导"中选择需要显示的字段。方法是从"表/查询"组合框中选择作为窗体记录源的表或查询，然后在"可用字段"列表中会出现该表或查询包含的字段。选择窗体中需要的字段，用按钮 ▷ 将其添加到"选定的字段"列表框中，可以分别从多个表或查询中选择字段。本例需要从"学生"表和"班级"表中选择字段，从"学生"表中选择"学号"、"姓名"、"性别"、"出生年月"、"政治面貌"字段，如图5-12所示；从"班级"表选择添加"班级名称"字段，如图5-13所示。

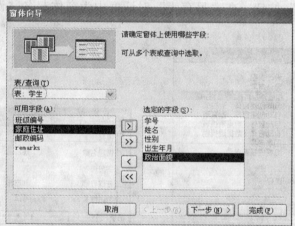

图5-12 从"学生"表中添加字段

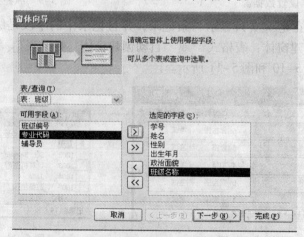

图5-13 从"班级"表中添加字段

94

（3）单击"下一步"按钮，在接下来的界面中确定查看数据的方式。如果选择"通过班级"，如图 5-14 所示，则可建立一个包含子窗体的窗体；如果选择"通过学生"，如图 5-15 所示，则创建的是一个单个窗体。本例选择"通过学生"方式。

💡注意：这个界面只在所选字段中存在一对多关系时才会出现。在本例所选字段中，"班级名称"字段和其他字段有一对多关系。

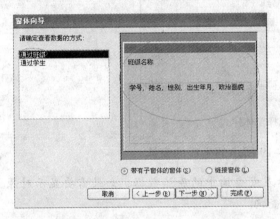 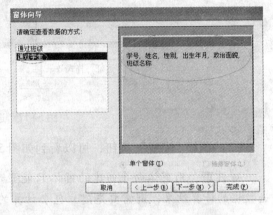

图 5-14　"通过班级"方式查看　　　　　　图 5-15　"通过学生"方式查看

（4）单击"下一步"按钮，在接下来的界面中选择窗体使用的布局，布局会影响窗体数据的显示方式，可在界面的左边预览不同布局的效果。本例选择"纵栏表"，如图 5-16 所示。

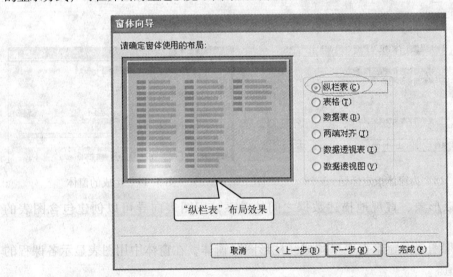

图 5-16　选择窗体布局

（5）单击"下一步"按钮，在接下来的界面中选择窗体的样式。样式影响窗体的外观，可在界面的左边预览不同样式的效果，本例选择"远征"，如图 5-17 所示。

（6）单击"下一步"按钮，在接下来的界面中为窗体指定标题，本例为"学生基本情况"，并确定是直接打开窗体查看信息还是修改窗体设计，本例选择"打开窗体查看或输入信息"，如图 5-18 所示。

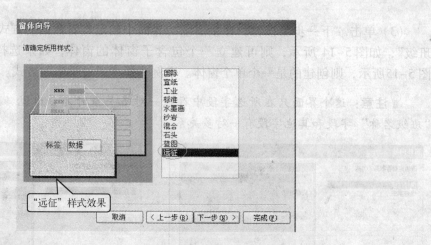

图5-17 选择窗体样式

（7）单击"完成"按钮，可以看到如图5-19所示的生成的窗体。

💡注意：用窗体向导创建的窗体只能显示表或查询中的原始数据，如果需要显示对原始数据的计算结果，则需要先建立包含计算的查询。

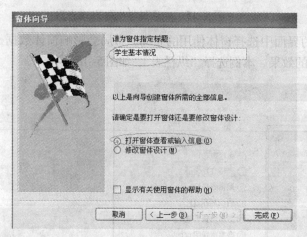

图5-18 为窗体指定标题

图5-19 生成的窗体

使用图表可以形象、直观地描述数据之间的关系，用图表向导可以创建包含图表的窗体。

【例5-3】 用图表向导建立"平均成绩柱形图"窗体，在窗体中用图表显示各课程的综合成绩的平均值。

（1）打开"学生成绩管理系统"数据库，在数据库窗口中，选择对象列表中的"窗体"对象。然后单击"新建"按钮 🔳新建(N)。

（2）在"新建窗体"对话框中选择"图表向导"并选择查询"综合成绩"作为其数据源，如图5-20所示。

💡注意：和用自动创建窗体一样，用图表向导创建窗体时其数据源也必须来自单一表或查询，且其数据源必须在"新建窗体"对话框中就选定，而用"窗体向导"则不必如此。

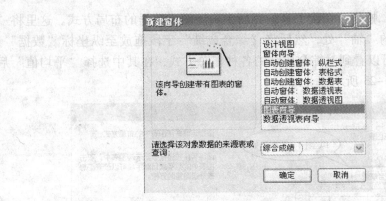

图 5-20 "新建窗体"对话框

（3）单击"确定"按钮，选择图表数据所在的字段。本例从"可用字段"列表框中选择"课号"和"综合成绩"字段添加到"用于图表的字段"列表框中，如图 5-21 所示。

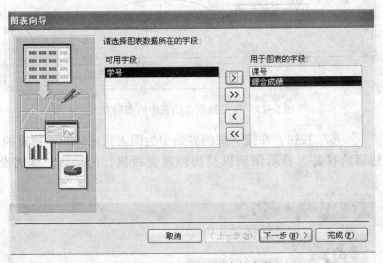

图 5-21 选择用于图表的字段

（4）单击"下一步"按钮，在如图 5-22 所示界面中选择图表的类型，本例选择第一项"柱形图"。

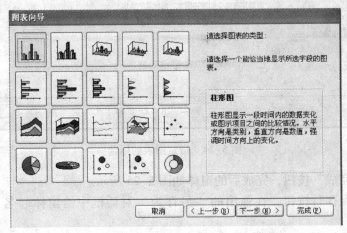

图 5-22 选择图表的类型

（5）单击"下一步"按钮，在接下来的界面中确定图表数据的布局方式。这里将"课号"字段拖放至横坐标的"轴"处，然后将"综合成绩"字段拖放至纵坐标"数据"处，拖放后在该位置双击，可以看到对综合成绩的各种汇总方式，在其中选择"平均值"后确定。设置后的界面如图5-23所示。

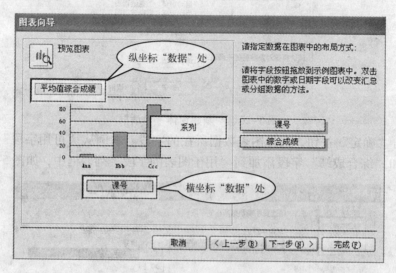

图5-23　指定数据在图表中的布局方式

（6）单击"下一步"按钮，在接下来的界面中为图表指定标题，指定的标题将显示在图表的上方，然后选择是否显示图例以及表创建完后执行的操作。本例设置如图5-24所示。

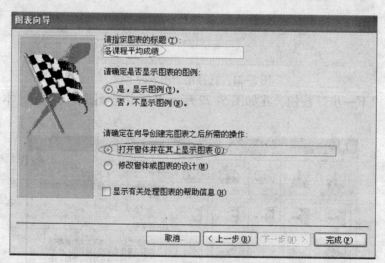

图5-24　指定图表的标题

（7）单击"完成"按钮，完成后的窗体如图5-25所示。

（8）单击"保存"按钮，在弹出的"另存为"对话框中给窗体起名"平均成绩柱形图"。

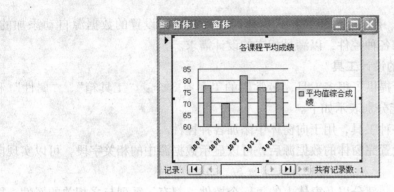

图 5-25 完成的窗体

5.3 用设计器创建窗体

用快速创建窗体的方法创建窗体，窗体上的所有内容都是系统根据给定的数据源自动加到窗体中的，其样式和布局往往不能达到要求。另外，实际应用中的窗体，往往有一些较特殊的要求，这些特殊设计要求用向导提供的功能往往不能实现，必须用设计器来实现。在实际设计窗体时，一般先用向导创建窗体，再在设计器中进行修改，或者直接用设计器创建满足要求的窗体。这里先介绍一下窗体的设计视图和窗体在设计视图中的结构，然后再介绍使用设计器创建窗体的方法和步骤。

5.3.1 窗体的设计视图

1. 设计视图中的窗体

这里通过一个打开在设计视图中的窗体来介绍窗体的设计视图。在数据库窗口的窗体对象页面中单击例 5-1 中建立的"课程"窗体，然后单击工具栏上的"设计"按钮 设计⑩，就在设计视图中打开了"课程"窗体，如图 5-26 所示。

图 5-26 "课程"窗体的设计视图

窗体的主体部分中放置的是一个个的控件。控件是在窗体中用于显示数据、执行操作或起装饰作用的对象。窗体的功能是通过在窗体上添加的控件来实现的。如图 5-26 所示的窗体中的控件，是在例5-1中自动创建纵栏式窗体时，系统根据设置的数据源自动添加的。在设计器中可以手动添加各种控件，以满足相应的设计需求。

2. 设计视图中常用的设计工具

Access为窗体的设计提供了很多工具，最常用的工具有3个："工具箱"、"属性"和"字段列表"。它们的功能分别表示如下。

(1) 工具箱：提供各种工具，用于向窗体中添加各种控件。

(2) 字段列表：在设置完窗体的数据源后，可以显示数据源中的相关字段，可以实现向窗体中添加字段。

(3) 属性：窗体的每一部分以及窗体上的每一个控件，都有一系列与之相关的属性，用属性窗口可以显示和设置这些属性。

在设计视图下通过"视图"菜单中对应的命令可以控制这3种工具对应的窗口是否在设计视图中显示。在"课程"的设计视图中打开这3种工具对应的窗口后的界面如图5-27所示。

操作技巧："工具箱"、"属性"和"字段列表"在窗体设计视图的工具栏中对应的图标按钮分别为 🛠、📋 和 ▤，可以通过单击相应的图标按钮控制该工具对应的窗口是否显示。

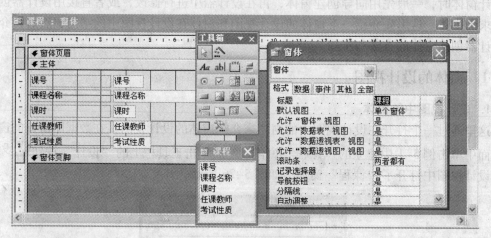

图5-27　在"课程"的设计视图中打开常用设计工具

5.3.2　窗体的结构

窗体的基本结构最多可以分为"窗体页眉"、"页面页眉"、"主体"、"页面页脚"和"窗体页脚"5部分。窗体的每个部分称为一节，其中主体节是所有窗体中必须包含的一节，其余4个组成部分可以根据需要添加，各节的宽窄可以通过在节边界处用鼠标拖拉调整。图5-28为罗斯文示例数据库中"客户电话列表"窗体的设计视图，从中可以看到窗体包含的5个节。

操作技巧：通过选择"视图"菜单中的"页面页眉/页脚"和"窗体页眉/页脚"命令，可以添加或去除窗体中相应的节。在添加和去除节时，页面页眉和页脚、窗体页眉和页脚必须成对出现。

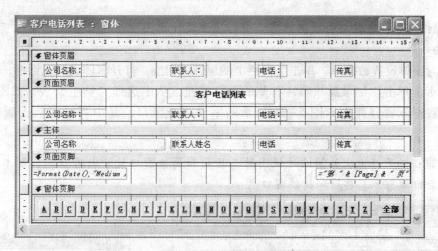

图 5-28　一个包含 5 个节的窗体

窗体中的每个节都有特定的用途，各节的主要用途如下。

（1）窗体页眉：主要用来显示对每条记录都一样的信息，如窗体的标题、徽标等。

（2）页面页眉：用于打印时在每页的顶部显示标题、列标题等信息。

（3）主体：用于显示窗体数据源中的记录。

（4）页面页脚：用于打印时在每页的底部显示日期、页码等信息。

（5）窗体页脚：用于在窗体的底部显示窗体操作的指导信息，如窗体或控件使用说明等。

页面页眉和页面页脚的内容只在窗体打印时才显示，由于打印数据只是窗体的一个辅助功能，用到的不是很多，所以实际应用中的窗体一般包含主体、窗体页眉和窗体页脚 3 个节。

5.3.3　用设计器创建窗体的基本步骤

使用设计器设计一个窗体一般包括以下步骤。

（1）在设计视图中创建一个空白窗体。

（2）对需要数据源的窗体，在属性窗口中为其设置数据源。

（3）向窗体中添加控件，并设置窗体和控件的属性。

（4）对窗体外观进行美化。

下面通过例子学习如何通过上述步骤用设计器创建一个窗体。

【例 5-4】　用设计器创建窗体显示学生的学号、姓名、性别、出生年月、班级编号、政治面貌、家庭住址。

（1）打开"学生成绩管理系统"数据库，在数据库窗口中，选择对象列表中的"窗体"对象。

（2）用设计器创建一个空白窗体。单击工具栏上的"新建"按钮，打开"新建窗体"对话框，从中选择"设计视图"，然后单击"确定"按钮。在设计视图中出现一个只包含主体节的空白窗体，如图 5-29 所示。

操作技巧：通过单击数据库窗口中的"在设计视图中创建窗体"选项也可以实现步骤（2）的效果。

（3）为窗体设置数据源。单击工具栏上的属性按钮█，打开窗体属性对话框，单击"数据"选项卡，单击"记录源"属性右侧的下拉按钮，从中选择"学生"表，如图 5-30 所示。设置数据源后会弹出如图 5-31 所示的字段列表窗口，其中列出了数据源中的全部字段。

注意：如果在上次关闭设计视图时工具箱和属性窗口处于打开状态，则本次打开设计视图时会自动打开工具箱和属性窗口。

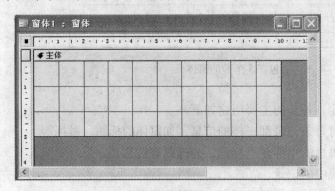

图 5-29 空白窗体

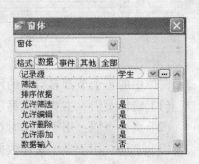

图 5-30 为窗体设置数据源

（4）向窗体中添加控件。按住〈Shift〉键的同时，在字段列表窗口中用鼠标左键分别单击选择学号、姓名、性别、出生年月、班级编号、政治面貌、家庭住址字段，然后按住鼠标左键不放，将它们分别拖放到空白窗体主体节的合适位置中，如图 5-32 所示。

图 5-31 字段列表

图 5-32 添加控件到主体节

（5）为窗体添加"窗体页眉"节。单击"视图"菜单中的"窗体页眉/页脚"命令，在窗体中出现窗体页眉节和窗体页脚节。

（6）在"窗体页眉"节中添加标题。单击工具栏上的"工具箱"按钮█，出现如图 5-33所示的"工具箱"窗口，单击其中的标签控件█，在窗体页眉节中拖拉添加一个标签控件，并输入"学生基本信息"，然后选中标签，单击工具栏上的"属性"按钮█，单击"格式"选项卡，在如图5-34所示的标签属性对话框中设置标签的字体为"华文新魏"，字号为"18"，字体粗细为"半粗"。

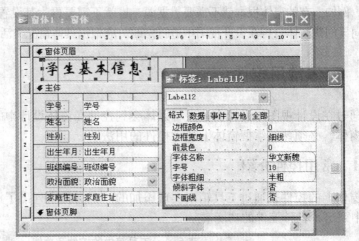

图5-33 工具箱   图5-34 设置标签属性

（7）为窗体添加背景图片。在属性窗口的对象列表中选择"窗体"，在窗体属性对话框中选择"图片"属性，在其中设置背景图片的路径和文件名，如图5-35所示。

（8）进一步美化窗体。把主体中标签控件中的冒号去掉；用鼠标拖拉控件调整布局；用鼠标拖拉节的交界处调整各节的大小，使页面更协调、美观。然后从"视图"菜单中选择"窗体视图"命令查看显示结果，如图5-36所示。

操作技巧：和查询类似，窗体也有多种视图，通过工具栏上的"视图"按钮（或通过"视图"菜单）可以方便地在各种视图之间转换。"设计视图"用于对窗体进行设计；"窗体视图"用于查看窗体的内容和设计效果，"数据表视图"用表格的形式显示窗体的内容。一般在设计窗体后先转换到窗体视图中查看运行效果，满意时再保存。

（9）最后单击"保存"按钮保存窗体。

容易看出，上述设计步骤中（1）、（2）建立了一个空白窗体；（3）完成了窗体数据源的设置；（4）~（6）向窗体中添加了各种控件，并设置其属性；（7）~（8）完成了对窗体的美化。

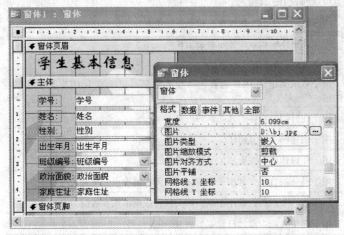

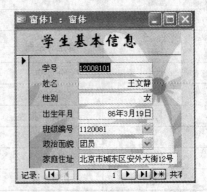

图5-35 设置背景图片   图5-36 在"窗体视图"的显示效果

实际应用中的窗体一般都要结合宏和 VBA 进行设计，上述步骤只是用设计器建立一个功能相对简单的基本窗体的一般步骤。即使是设计这样的基本窗体，在实际设计中也会有很多不同的情况。例如，有的窗体根本就不需要数据源，也就不需要再为其设置数据源了。又如，很多时候先用向导创建窗体，再在设计视图中进行修改。应根据具体情况灵活应用上述设计步骤。

5.4 窗体常用控件

通过在设计视图中设计窗体，可以体会到控件在窗体设计中的重要作用。要想设计一个好的窗体，必须熟练掌握窗体上各种控件的用法。

5.4.1 常用控件介绍

窗体上的控件是通过工具箱来实现添加的。工具箱中列出了设计窗体时常用的控件，表5-1 中列出了各种控件的功能。

表 5-1　工具箱中的控件及功能

图　标	控件名称	控件功能
	选择对象	此控件选中按下状态时，可在窗体上选择其他的控件
	控件向导	用于打开或关闭控件向导。此按钮处于按下状态且创建可以使用向导的控件时，会自动打开控件向导
Aα	标签	用来显示说明性文本
ab|	文本框	用于显示、输入或编辑数据源中的数据，接收用户输入的数据，显示计算结果
	选项组	与复选框、选项按钮或切换按钮配合使用，显示一组值供用户从中选择一个
	切换按钮	可单独使用，与"是/否"型数据绑定，也可与选项组控件配合使用
	选项按钮	可单独使用，与"是/否"型数据绑定，也可与选项组控件配合使用
	复选框	可单独使用，与"是/否"型数据绑定，也可与选项组控件配合使用
	列表框	显示一组可滚动的数值列表，用户从列表中选择输入数据
	组合框	综合了文本框和组合框的作用，输入数据时，既可以直接输入文字，也可从列表中选择输入
	命令按钮	用来启动一项或一组操作，控制程序流程
	图像	用于在窗体或报表中显示静态图片
	未绑定对象框	用于显示未绑定的 OLE 对象
	绑定对象框	用于显示绑定的 OLE 对象，一般用来显示记录源中 OLE 类型字段的值
	分页符	用于在打印的窗体上开始新的一页
	选项卡	用于创建一个多页窗体
	子窗体/子报表	用于在窗体或报表上添加子窗体或子报表
\	直线	用于画一条直线，常用于在窗体、报表中突出或分割相关内容
□	矩形	用于画一个矩形，常用于组织相关控件或突出重要数据
	其他控件	用于向工具箱中添加已经安装的 ActiveX 控件

添加到窗体中的控件,根据其与数据源之间的关系,可以分为以下3类。

(1)绑定型控件:与作为数据源的表或查询中的字段连接在一起,可以显示或更新数据库内表中的数据。

(2)未绑定型控件:没有数据源的控件称为未绑定型控件。使用未绑定型控件可以显示信息、线条、矩形和图片,也可以用来接收用户的输入数据。

(3)计算型控件:计算型控件使用表达式作为数据源,用于显示表达式的计算结果。表达式中可以包含作为数据源的表或查询中的字段值,也可以使用窗体上其他控件的数据。

5.4.2 常用控件的使用

1. 标签控件

标签控件主要用来显示一些固定的文本信息,如标题、字段名。标签不能显示字段或表达式的数值,它总是未绑定的。

【例5-5】 创建窗体"欢迎界面",在其中添加标签,并设置其外观。

(1)打开"学生成绩管理系统"数据库,在数据库窗口中,选择对象列表中的"窗体"对象,然后单击数据库窗口中的"在设计视图中创建窗体"选项,打开窗体的设计视图。

(2)单击工具箱中的"标签"按钮,在窗体上选择需要放置标签的位置,按住鼠标左键拖拉出合适的大小,然后在其中输入"欢迎使用学生成绩管理系统"。输入完成后按〈Enter〉键确认。

(3)选中标签,单击工具栏上的"属性"按钮,打开标签属性对话框,为标签设置属性。这里设置其"前景色"属性为"255",使字体显示为红色;设置"字体名称"属性为"华文新魏","字号"为"20","字体粗细"为"半粗";设置"边框样式"属性为"透明",使标签边界的矩形框在窗体视图中不显示。设置及效果如图5-37所示。

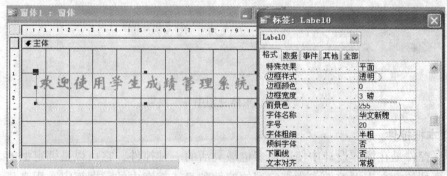

图5-37 设置标签属性

(4)在"视图"菜单中选择"窗体视图",可以看到窗体的显示效果如图5-38所示。

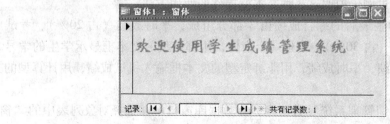

图5-38 在"窗体视图"中预览效果

（5）对窗体进行简单美化。转换到设计视图，在窗体中再添加一个标签，显示作者信息，然后用与步骤（3）类似的方法为其设置格式，然后在属性窗口对象列表中选择"窗体"对象，在窗体属性窗口中设置其"滚动条"属性为"两者均无"，去掉其水平和垂直滚动条，把"记录选择器"、"导航按钮"和"分隔线"属性均设置为"否"，使它们在窗体视图中不显示。设计后的设计视图如图 5-39 所示。

图 5-39 设置窗体属性

（6）在"视图"菜单中选择"窗体视图"，可以看到窗体的显示效果如图 5-40 所示。
（7）单击"保存"按钮，在"另存为"对话框中为窗体起名"欢迎界面"，保存窗体。

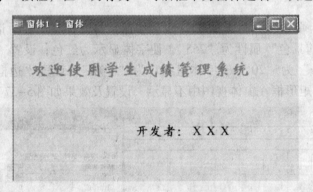

图 5-40 窗体视图中显示效果

2. 文本框控件

文本框控件是在窗体设计中使用最多也最灵活的一种控件，它可以是绑定型的、未绑定型的或计算型的。文本框控件作为绑定型的控件和表或查询中的数据绑定，用来显示和编辑数据源中的数据。未绑定型的文本框控件常用来接收输入数据，计算型的文本框控件用来显示计算的结果。下面通过例子说明这 3 种文本框控件的使用方法。

【例 5-6】 假如学生最后的综合成绩由 3 部分组成，平时成绩（占 20%）、考试成绩（占 50%）和机试成绩（占 30%）。创建一个窗体，用绑定型的文本框显示学生的学号、姓名、课程名称、考试成绩、平时成绩，用非绑定型的文本框输入机试成绩，用计算型的文本框来显示综合成绩。

（1）打开"学生成绩管理系统"数据库，在数据库窗口中，选择对象列表中的"窗体"对象，然后单击数据库窗口中的"在设计视图中创建窗体"选项，打开窗体的设计视图。

（2）打开窗体的属性对话框，单击"数据"选项卡的"记录源"属性后的"生成器"按钮 ⋯ |，在弹出的查询生成器窗口中为窗体设置记录源，如图5-41所示。

操作技巧：单击"记录源"属性右侧的下拉按钮，会列出当前数据库中已经存在的表和查询，如果窗体的数据源是基于某个单一的表或查询，可直接从列出的选项中选择。

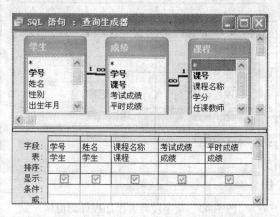

图5-41　为查询设置记录源

（3）关闭查询生成器窗口，弹出如图5-42所示对话框，单击"是"按钮，确认对记录源属性的设置。

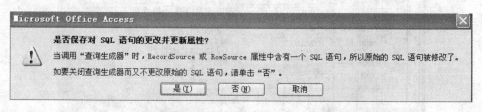

图5-42　确认记录源属性设置

操作技巧：直接在记录源属性中输入生成查询的SQL语句，可以代替步骤（2）和（3），达到和用查询生成器生成查询同样的效果。

（4）从字段列表中选定"学号"字段，按住鼠标左键拖动它到窗体主体节中适当的位置，窗体中就出现了一个"学号"的标签和与"学号"字段绑定的文本框。按此方法依次添加字段列表中的其他字段到窗体主体节中的适当位置，如图5-43所示。

注意：向窗体中添加绑定的文本框控件可以通过字段列表，也可以通过工具箱添加。通过字段列表添加的文本框控件已经自动和数据源中相应字段的数据绑定。而用工具箱添加的文本框控件需要在添加后选定文本框控件，在其属性窗口"数据"选项卡的"控件来源"属性中选择其绑定的字段。

（5）在工具箱中单击文本框按钮，在主体节中拖拉，会出现一个文本框控件和一个附加的标签控件，将标签控件的标题属性改为"机试成绩"，然后选中文本框控件，打开文本框属性窗口，在"其他"选项卡下将其"名称"属性设置为"a"，方便在计算型文本框中引用，如图5-44所示。在"格式"选项卡下将其"格式"属性设置为"常规数字"，如图5-45所示。

注意：文本框中输入数据的数据类型默认是文本型，若不设置其格式，则不能进行数值型的运算。

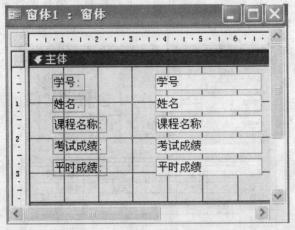

图 5-43　从字段列表添加控件到窗体

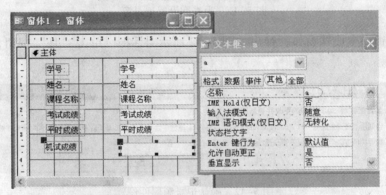

图 5-44　设置文本框"名称"属性

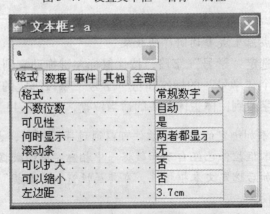

图 5-45　设置文本框"格式"属性

（6）再在主体节中添加一个文本框控件，将其"附加标签"属性改为"综合成绩"。选中文本框控件，在属性窗口中设置其"控件来源"属性为"=［考试成绩］*0.5+［平时成绩］*0.2+［a］*0.3"，如图 5-46 所示。

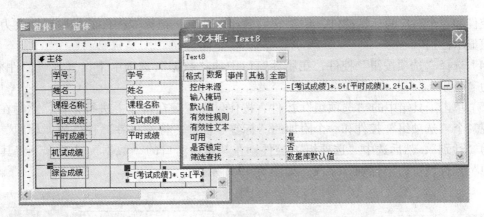

图 5-46　设置计算型文本框的控件来源

🐟**操作技巧**：在计算型文本框中可直接输入计算公式，在综合成绩对应的文本框中直接输入"=［考试成绩］*0.5+［平时成绩］*0.2+［a］*0.3"，也可达到步骤（6）的效果。还需注意表达式前必须加"="运算符。

（7）单击"视图"菜单，选择"窗体视图"，在"机试成绩"对应的文本框中输入一个成绩，在"综合成绩"对应的文本框中会出现计算后的综合成绩，如图 5-47 所示。

（8）单击"保存"按钮，在"另存为"对话框中输入窗体名称后保存窗体。

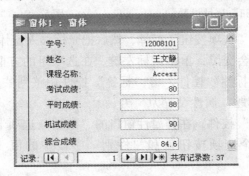

图 5-47　窗体视图中显示效果

从例 5-6 可以看出，在计算型义本框控件中引用数据源中的字段和窗体中的控件时，需要用方括号把字段名和控件名括起来。

3. 选项按钮和选项组控件

选项按钮控件可以单独使用，和"是/否"型的数据绑定，用选中表示"是"，未选中表示"否"。也可以和选项组控件配合使用，从选项组控件列出的一组值中选择一个。

【例 5-7】　创建窗体显示学生的学号、姓名和性别，其中性别的值分别用文本框、单独使用的选项按钮、与选项组控件配合使用的选项按钮表示。

（1）在设计视图中创建一个空白窗体，打开窗体属性窗口，在"数据"选项卡下的"记录源"属性列表中选择"学生"表。

（2）在自动弹出的字段列表窗口中选中"学号"、"姓名"和"性别"字段，拖拉并将其添加到窗体中。

（3）单击工具箱中的"选项按钮"控件，按住鼠标左键在窗体上拖拉，出现一个选项按钮控件和一个对应的标签控件，调整它们的相对位置，把标签控件的标题属性改为"选项按钮显示性别"。

（4）选择"选项按钮"控件，在属性窗口中的"数据"选项卡下设置其"控件来源"属性为"性别"字段，如图5-48所示。

（5）单击工具箱中的"选项组"控件，按住鼠标左键在窗体上进行拖拉，此时在窗体中出现一个"选项组"控件和一个附加的"标签"控件，将"标签"控件的"标题"属性设置为"性别"，然后选中"选项组"控件，在其属性窗口的"数据"选项卡下将其"控件来源"属性设置为"性别"字段，如图5-49所示。

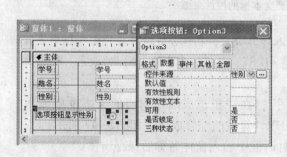

图5-48　"选项按钮"属性设置

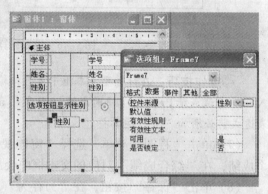

图5-49　"选项组"属性设置

（6）单击工具箱中的"选项按钮"控件，然后把光标移入窗体中选项组对象的方框中，此时选项组的方框内区域会变黑，单击鼠标左键，在选项组的方框内会出现一个"选项按钮"控件和一个附加的"标签"控件，将"标签"控件调整到"选项按钮"控件的左侧，并将"标签"控件的"标题"属性设置为"男"。

（7）选中"选项按钮"控件，在其属性窗口的"数据"选项卡下将其"选项值"属性设置为"-1"。这样这个选项按钮就和"性别"字段中的值"-1"建立了对应，如图5-50所示。

💡注意："性别"中的"男"对应的是"真"，对应的默认文本显示是"-1"，"女"对应的是"假"，对应的默认文本显示是"0"。"选项值"属性只能设置为数字而不能设置为文本，所以"选项组"控件一般和值可以显示为数字外观的字段绑定，如在"学生"表中，"性别"、"班级编号"、"学号"字段都可以用选项组表示，选项组中的一个选项按钮控件绑定对应字段的一个值。

（8）重复步骤（6）和（7），用同样的方法在"选项组"中再添加一个"选项按钮"用来对应性别中的"女"。添加后的设计视图和选项按钮的属性设置如图5-51所示。

（9）单击"视图"菜单，选择"窗体视图"，在显示的窗体中切换到不同性别的记录，体会这两种控件的表现形式。图5-52和图5-53是在窗体视图中显示的两个不同性别的记录。单击"选项按钮显示性别"对应的选项按钮，或在选项组中选择不同性别对应的选项按钮，可以改变性别的值。

（10）单击"保存"按钮，在"另存为"对话框中为窗体起名，然后保存窗体。

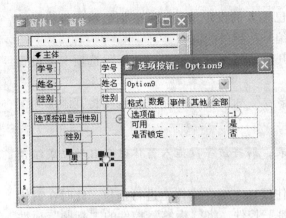
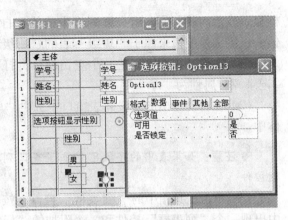

图 5-50　设置"男"对应的值　　　　　图 5-51　设置"女"对应的值

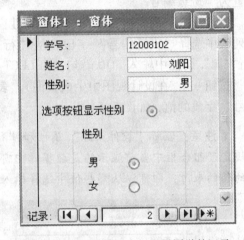

图 5-52　窗体视图中显示女同学的记录　　　图 5-53　窗体视图中显示男同学的记录

💡**注意**：复选框、切换按钮和选项按钮的功能和用法相似。单独使用复选框时，用"勾选"表示"是"，"不勾选"表示"否"；切换按钮用凹下表示"是"，凸出表示"否"。

4. 列表框和组合框控件

列表框用于在列出的一组值中选择所需的值。列表中的值可以是自己设定的特定值，也可以是来自于一个表中某个字段的值。当输入的数据是从某些固定的值中选取，或输入的值来自于一个表中的字段的值时，就可以用列表框选择输入值。用列表框可以提高输入速度和减少输入错误。组合框和列表框的作用相似，不同之处主要有两个，一个是输入数据时用列表框只能选择数据进行输入，而组合框既可以选择数据，也可以直接输入数据，其作用是列表框和文本框的组合；另一个不同之处是两者的显示方式有所不同，列表框中一次能显示多项内容，当内容的多少超过列表框的容纳范围时，会自动出现滚动条组合框一次只能显示一项内容，其他的内容通过单击下拉按钮显示。

🖱**操作技巧**：若想使用组合框输入，又想让其输入时只能从列表中选择输入，可以通过修改组合框属性来实现，方法是：打开组合框的属性对话框，将"数据"选项卡中的"限于列表"属性设置为"是"。

【例 5-8】　创建窗体用于显示学生的学号、姓名、政治面貌和班级编号，其中用组合框显示政治面貌的值，组合框列表中的值是自己输入的设定值；用列表框显示班级编号的值，班级编号的值来源于"班级"表的"班级编号"字段的值。

（1）在设计视图中创建一个空白窗体，打开窗体属性窗口，在"数据"选项卡下设置"记录源"属性为"学生"表。

（2）在自动弹出的字段列表窗口中选中"学号"和"姓名"字段，拖动将其添加到窗体中。

💡**注意**：*如果表中的字段已建立了查阅列表，则将该字段拖入窗体时会自动生成组合框控件。*

（3）单击工具箱中的"列表框"控件，按住鼠标左键在窗体上进行拖拉，此时在窗体中出现一个"列表框"控件和一个附加的"标签"控件，将"标签"控件的"标题"属性设置为"班级编号"。

（4）选中"列表框"控件，单击属性窗口中的"数据"选项卡，从"控件来源"属性值列表中选择"班级编号"字段，从"行来源类型"属性值列表中选择"表/查询"，在"行来源"属性中输入 SQL 语句"SELECT 班级编号 FROM 班级"（或单击其后的"生成器"按钮 ┉|，在设计视图中生成查询），表示列表中的数据是来自于"班级"表中"班级编号"字段的值，如图 5-54 所示。

💡**注意**：*理解"控件来源"属性和"行来源"属性的区别非常重要。"控件来源"属性规定了组合框中当前显示的是数据源中哪个字段的值；"行来源"属性规定了组合框列表中的值的来源，即可以从哪些值中选择输入数据。*

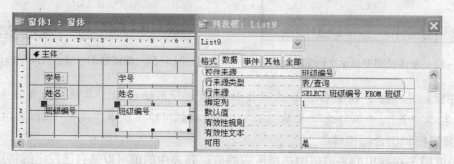

图 5-54　设置"列表框"属性

（5）单击工具箱中的"组合框"控件，按住鼠标左键在窗体上进行拖拉，此时在窗体中出现一个"组合框"控件和一个附加的"标签"控件，将"标签"控件的"标题"属性设置为"政治面貌"。

（6）选中"组合框"控件，单击属性窗口中的"数据"选项卡，从"控件来源"属性值列表中选择"政治面貌"字段，从"行来源类型"属性值列表中选择"值列表"，在"行来源"的属性中输入设定值，中间用分号隔开，如图 5-55 所示。

（7）单击"视图"菜单，选择"窗体视图"，显示结果如图 5-56 所示。列表框和组合框中的值每次只有一个可以被选中，可从中选择需要的值输入。通过"导航"按钮在各记录间移动，"政治面貌"字段和"班级编号"字段的值会相应变化。通过从列表中选择输入，或在组合框中直接输入，可以改变相应字段的值。

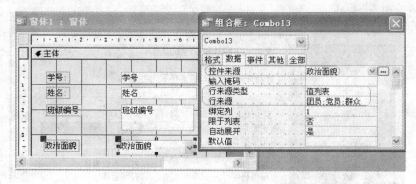

图 5-55　设置"组合框"属性

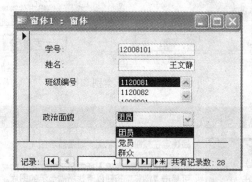

图 5-56　在"窗体视图"中显示窗体

（8）单击"保存"按钮，在"另存为"对话框中为窗体起名，然后保存窗体。

5. 命令按钮控件

在窗体上可以使用命令按钮来执行某个或某些操作。例如，可以创建一个命令按钮，单击它时打开一个窗体或报表。如果要使单击命令按钮时执行一系列操作，可以编写宏或事件过程并将它附加在按钮的"单击"属性中。

使用"命令按钮向导"可以创建 30 多种不同的命令按钮，在这里介绍用向导创建命令按钮并实现命令按钮功能的方法。

【例 5-9】　为"课程"窗体添加命令按钮，单击该命令按钮时可以关闭"课程"窗体。

（1）在设计视图中打开"课程"窗体。

（2）单击工具箱中的"控件向导按钮"，使其处于选中状态。单击工具箱中的"命令按钮"控件，按住鼠标左键在窗体上拖拉出适当的大小。放开鼠标后会启动"命令按钮向导"，其中列出了命令按钮可以执行的操作的类别和每个类别中的具体操作，这里在"类别"列表框中选择"窗体操作"，在"操作"列表框中选择"关闭窗体"，如图 5-57 所示。

（3）单击"下一步"按钮，在接下来的对话框中确定在按钮上显示文本还是图片，这里选择"文本"，并将文本设置为"关闭窗体"，如图 5-58 所示。

（4）单击"下一步"按钮，在接下来的对话框中确定按钮的名称后单击"完成"按钮。完成后的设计视图如图 5-59 所示。

（5）单击"保存"按钮保存对设计的更改，然后单击"视图"菜单，选择"窗体视图"，显示结果如图 5-60 所示。在窗体中单击命令按钮"关闭窗体"，"课程"窗体会关闭。

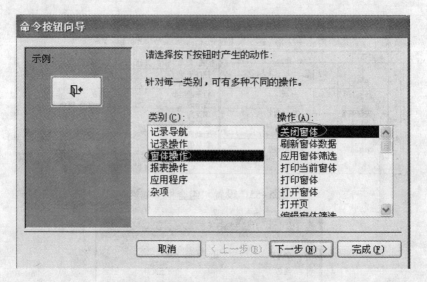

图 5-57　选择类别和操作

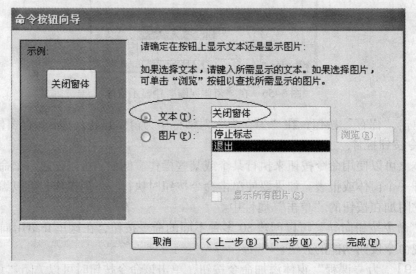

图 5-58　设置按钮文本

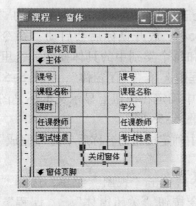

图 5-59　完成后的设计视图

图 5-60　在"窗体视图"中显示窗体

6. 图像、直线、矩形控件

用图像控件可以向窗体中添加一个图像。用直线控件和矩形控件可以向窗体中添加直线和矩形，直线和矩形通常用于分割窗体的内容。这 3 种控件的使用都可以增加窗体的美观性。

【例 5-10】 创建"通讯录"窗体，显示学生的姓名、家庭住址和邮政编码，在窗体中使用图像控件、直线控件和矩形控件。

（1）在设计视图中创建一个空白窗体，打开窗体属性窗口，在"数据"选项卡下设置"记录源"属性为"学生"表。

（2）从字段列表中选中"姓名"、"家庭住址"和"邮政编码"字段并拖放至窗体的主体节。

（3）向窗体中添加一个标签控件，在标签属性窗口中设置其标题属性为"通讯录"，字体为"华文新魏"，"字号"为 18，字体粗细为"半粗"。

（4）在工具箱中单击图像控件，在窗体主体上进行拖拉，出现如图 5-61 所示的"插入图片"对话框，在其中选择需要插入的图片。

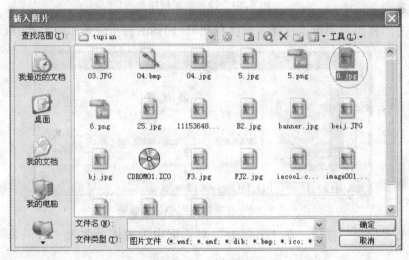

图 5-61 选择图片

（5）单击"确定"按钮，图片出现在窗体中，用鼠标拖拉以调整图片的大小和位置，效果如图 5-62 所示。

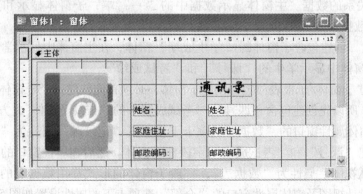

图 5-62 添加图片后的窗体

（6）在工具箱中单击"直线"控件，在图像和内容之间进行拖拉，使其中间出现一条分隔线，然后在工具箱中单击"矩形"控件，在"通讯录"标签上进行拖拉，使标签上出现一个矩形框，设置矩形框的"背景样式"为"透明"，"特殊效果"为"蚀刻"，"边框样式"为"实线"，如图 5-63 所示。

操作技巧：步骤（6）中的边框效果也可以通过设置标签边框的相关属性实现。

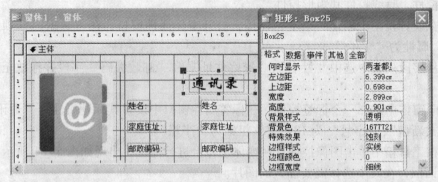

图 5-63　设置矩形框属性

（7）单击"视图"菜单，选择"窗体视图"，窗体的显示效果如图 5-64 所示。

图 5-64　在窗体视图中显示效果

（8）单击"保存"按钮，在"另存为"对话框中为窗体命名为"通讯录"，然后保存窗体。

7．子窗体/子报表控件

子窗体是基本窗体中包含的窗体。基本窗体也称为主窗体。包含子窗体的窗体一般用于表示有一对多关系的数据。主窗体显示数据中的"一"端，子窗体显示和主窗体中数据对应的"多"端数据。

【例5-11】　创建包含子窗体的"学生成绩"窗体，在主窗体中显示学生的"学号"和"姓名"，在子窗体中显示学生的"课号"和"考试成绩"。

（1）要用"子窗体/子报表"控件创建子窗体，必须首先创建一个子窗体，再在主窗体中引用该子窗体。所以先创建包含"课号"、"考试成绩"的"成绩子窗体"，方法是打开窗体的设计视图，在窗体属性窗口的"数据"选项卡下设置其"记录源"属性为"成绩"表，然后在字段列表中把"课号"和"考试成绩"字段拖入窗体。然后在属性窗口的"格式"选项卡下设置其"默认视图"属性为"数据表"，一般子窗体的形式都用数据表的形式。设置完成后，在窗体的设计视图及窗体属性窗口的"全部"选项卡下的属性设置如图 5-65 所示。

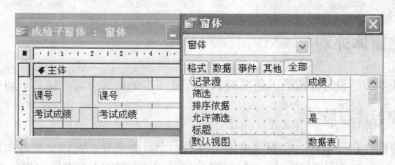

图 5-65　"成绩子窗体"窗体属性

🖢**操作技巧**：属性窗口"全部"选项卡下的属性是对象可以设置的所有属性，包括了前面 4 个选项卡下的全部属性。

（2）在设计视图中创建一个空白窗体，打开窗体属性窗口，在"数据"选项卡下的"记录源"属性列表中选择"学生"表。

（3）单击工具箱中的"子窗体/子报表"控件，按住鼠标左键在窗体上拖拉出适当的大小作为子窗体的显示区域。松开鼠标后，窗体中出现一个"子窗体/子报表"控件和一个"标签"控件，将"标签"控件的"标题"属性改为"成绩"。

（4）选中"子窗体/子报表"控件，在其属性窗口中的"数据"选项卡下设置"源对象"为步骤（1）中建立的"成绩子窗体"，设置"链接主字段"属性为"学号"，设置"链接子字段"属性为"学号"，如图 5-66 所示。

·（5）单击"视图"菜单，选择"窗体视图"，显示效果如图 5-67 所示。单击子窗体的"导航"按钮，可以在子窗体中移动选择记录，单击主窗体的"导航"按钮，可以在主窗体中移动选择记录，显示不同的学生记录和其对应的成绩记录。

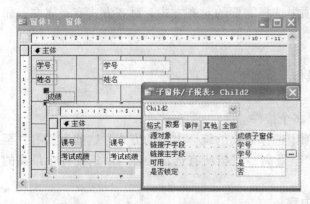

图 5-66　"子窗体/子报表"属性

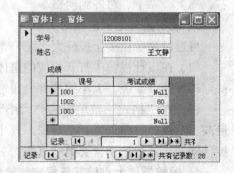

图 5-67　在"窗体视图"中显示

（6）单击"保存"按钮，在"另存为"对话框中为窗体起名"学生成绩"，然后保存窗体。

🖢**操作技巧**：建立子窗体有多种方法，如例 5-11 就可以先建立一个包含"学号"、"姓名"、"课号"、"考试成绩"的查询，然后以这个查询为数据源，用自动建立纵栏式窗体的方法快速建立一个窗体，建立出来的窗体和例 5-11 建立的窗体有相同的效果。还可以用窗体向导建立子窗体。

5.5 美化窗体外观

窗体的基本功能设计完成后，还要对其进行进一步的格式设置，使其更加美观。

5.5.1 调整控件布局

窗体上的控件布局整齐、合理是窗体美观的一个首要条件，窗体上控件布局的调整主要包括控件的大小、对齐、间距，这些可以通过选中控件后用鼠标拖拉实现，但在控件较多时，这种操作方式费时且不精确。窗体的"格式"菜单中提供了很多调整控件布局的命令，可以快速实现对控件布局的调整。下面介绍控件布局调整中常用到的一些操作。

1. 选中控件

选中控件的操作步骤如下。

（1）在设计视图中打开相应的窗体。

（2）单击控件的任何一个位置，控件边界上将出现 8 个黑色的控点，表明该控件已被选中。

（3）连续选中多个控件时，按住鼠标左键在控件所在区域拖拉，随着鼠标的拖拉会出现一个动态的矩形框，在矩形框内的控件在松开鼠标后都会被选中。

（4）不连续选中多个控件时，需要按住〈Shift〉键，同时单击每一个要选择的控件。

2. 对齐控件

对齐控件的操作步骤如下。

（1）在设计视图中打开相应的窗体。

（2）选中要对齐的控件，通常是多个控件。

（3）在"格式"菜单下的"对齐"项中选择需要的对齐方式。对齐方式有：靠左、靠右、靠上、靠下、对齐到网格。

3. 统一控件之间的相对大小

可通过命令让多个控件大小统一，操作步骤如下。

（1）在设计视图中打开相应的窗体。

（2）选中要统一大小的控件，通常是多个控件。

（3）在"格式"菜单下的"大小"项中选择需要的统一大小的方式。这些方式有：至最高、至最短、至最宽、至最窄。其中"至最高"是指所有选定控件与所选控件中最高的控件同高，其他选项含义类推可知。

4. 调整控件大小使其正好容纳控件内容

可以通过命令调整控件的大小使其刚好能容纳控件的内容。操作步骤如下。

（1）在设计视图中打开相应的窗体。

（2）选中要改变大小的控件。

（3）在"格式"菜单下的"大小"项中选择"正好容纳"。

5. 调整控件之间的间距

调整控件之间间距的操作步骤如下。

（1）在设计视图中打开相应的窗体。

（2）选中要调整间距的多个控件。

（3）在"格式"菜单下的"水平间距"或"垂直间距"项中选择需要的调整方式。调整间距的方式有：增加、减小、相同。

在增加或减小控件的间距时，最左边（调整水平间距时）及最顶端（调整垂直间距时）的控件位置不变。

6. 把控件移到其他控件的前面或后面

可以调整控件之间的相对位置，把一个控件移到另一个控件的前面或后面，如可以在窗体中通过图像控件添加一个图片，然后把图像控件移到其他控件的后面作为背景。

操作步骤如下。

（1）在设计视图中打开相应的窗体。

（2）选中要移动的控件。

（3）执行"格式"菜单下的"置于顶层"或"置于底层"命令。

5.5.2 使用窗体属性

窗体的很多属性设置也会影响窗体的外观，下面是一些常用的影响窗体外观的窗体属性。

（1）标题：用来设置窗体的标题，即窗体标题栏上显示的文本。

（2）滚动条：用来确定窗体视图上是否显示水平滚动条和垂直滚动条。

（3）记录选定器：用来确定窗体视图上是否显示"记录选定器"。

（4）导航按钮：用来确定窗体视图上是否显示"导航按钮"。

（5）分隔线：用来确定窗体视图上是否显示分隔不同节的"分隔线"。

（6）最大最小化按钮：用来确定窗体视图上是否显示"最大化按钮"和"最小化按钮"。

（7）关闭按钮：用来确定窗体视图上是否显示"关闭按钮"。

（8）边框样式：用来确定窗体视图上是否显示边框以及边框的类型，其中有 4 个选项："无"表示没有边框和相关的边框元素，不可以调整窗体的大小；"细边框"表示窗体有很细的边框和所有相关的边框元素，不可以调整窗体的大小；"可调边框"是 Access 窗体的默认边框，可以包含任何边框元素，可以调整窗体的大小；"对话框边框"表示窗体采用粗边框，包含一个标题栏、关闭按钮和控制菜单，不可以调整窗体的大小。

（9）图片：用来为窗体设置作为背景的图片。

（10）图片类型：用来设置背景图片的类型，有两个选项："嵌入"表示图片嵌入到对象中成为数据库文件的一部分；"链接"表示图片链接到数据库中。

（11）图片缩放模式：用来设置图片的缩放模式，有 3 个选项："裁剪"表示图片以实际大小显示，如果图片比窗体大，则按照窗体的大小对图片进行剪裁；"拉伸"表示将图片沿水平方向和垂直方向拉伸以填满整个窗体，这有可能破坏图片原有的长宽比例；"缩放"表示在保持其原有长宽比例的情况下，将图片放大到最大尺寸。

（12）图片对齐方式：用来设置图片在窗体中的放置位置，有"左上"、"右上"、"中心"、"左下"、"右下"、"窗体中心"等选项。

（13）图片平铺：用来设置图片是否平铺整个窗体。如果选择"是"，当图片尺寸小于窗体尺寸时，图片重复出现，铺满窗口。

5.5.3　窗体自动套用格式

在使用向导创建窗体时，用户可以从系统提供的固定样式中选择窗体的格式，这些样式就是窗体的自动套用格式。对于建立好的窗体，可以通过"格式"菜单让其应用这些样式。

【例5-12】　对"课程"窗体使用自动套用格式。

（1）在设计视图中打开"课程"窗体。

（2）选择"格式"菜单中的"自动套用格式"命令，出现"自动套用格式"对话框，其中列出了10种窗体自动套用格式，在这里选取"宣纸"格式，如图5-68所示。

（3）单击"确定"按钮，然后单击"视图"菜单，选择"窗体视图"，窗体效果如图5-69所示。

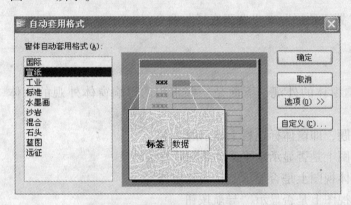

图5-68　"自动套用格式"对话框

图5-69　在窗体视图中的显示效果

5.6　创建控制面板窗体

"控制面板"窗体是一种特殊的窗体，主要用来操作、控制程序的运行。用户通过控制面板能预览系统的功能并实现不同功能模块之间的切换。使用控制面板，可以将系统的各个对象组织在一起，形成一个统一的与用户交互的操作界面。

"控制面板"窗体可以在窗体设计器中创建，也可以由切换面板管理器来创建，下面通过例子介绍这两种方法。

5.6.1　用设计器创建控制面板

用设计器创建控制面板主要是在窗体中放置一组控件（通常用命令按钮控件），通过编写宏或事件过程并将它附加在按钮的"单击"属性中，实现单击不同的按钮，实现不同的功能。

【例5-13】　为"学生成绩管理系统"建立二级控制面板。

（1）在设计视图中创建一个空白窗体，单击工具箱中的"标签"控件，在窗体的适当位置拖拉出一个标签，在其中输入"基础数据维护"，并在标签的属性窗口中为其设置合适的字体、字号。

（2）单击工具箱中的"命令按钮"控件，在窗体的适当位置拖拉出一个命令按钮，单击工具栏上的"属性"按钮，在命令按钮属性窗口中将其"标题"属性设置为"学生信息"。

（3）单击命令按钮属性窗口中的"事件"选项卡，为按钮设置"单击"属性，如图5-70所示。

💡**注意**：按钮的"单击"属性规定了单击按钮后要执行的操作，该操作通常由宏或模块实现，关于宏和模块的内容在后面章节介绍，如此处已建立了对应的宏"基本信息维护.学生信息"，可在"单击"属性下拉列表框中选择设置。如果还没有建立对应的宏，可先不设置此属性，在这里先建立窗体界面，然后在建立宏后再完善此窗体的功能设计。

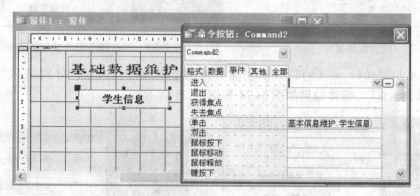

图5-70　设置按钮"单击"属性

（4）用同样的方法再添加3个命令按钮"成绩信息"、"课程信息"、"班级信息"，并设置其"单击"属性。

（5）单击工具栏上的"图像"控件，在窗体上拖拉出一个图像控件，在属性窗口中设置其属性如图5-71所示。

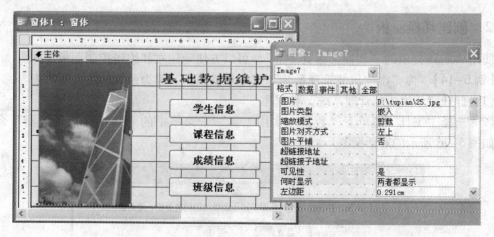

图5-71　设置图像属性

（6）在属性窗口对象列表框中选择"窗体"，为窗体设置属性如图5-72所示。

（7）单击"视图"菜单，选择"窗体视图"，窗体效果如图5-73所示。

（8）单击工具栏上的"保存"按钮，在弹出的"另存为"对话框中为窗体起名"基础数据维护",单击"确定"按钮保存窗体。

图 5-72　设置窗体属性

图 5-73　"基础数据维护"控制面板

（9）重复步骤（1）～（8），分别创建另外两个二级控制面板，分别保存为"成绩查询"和"报表预览"。窗体效果如图 5-74 和图 5-75 所示。

图 5-74　"成绩查询"控制面板

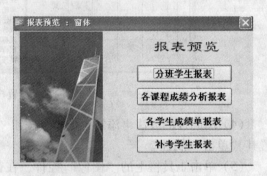

图 5-75　"报表预览"控制面板

5.6.2　创建切换面板

使用 Access 提供的"切换面板管理器"，可以方便地建立和编辑控制面板窗体。

【例 5-14】　为"学生成绩管理系统"建立切换面板，作为系统的主控制面板。

（1）打开"学生成绩管理系统"数据库。

（2）选择"工具"菜单下"数据库实用工具"子菜单中的"切换面板管理器"命令，弹出如图 5-76 所示的对话框。

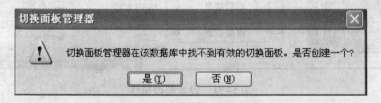

图 5-76　确认创建切换面板

（3）单击"是"按钮，弹出"切换面板管理器"对话框，单击"新建"按钮，在弹出的"新建"对话框中输入要新建的切换面板页名"学生成绩管理系统"，如图 5-77 所示。

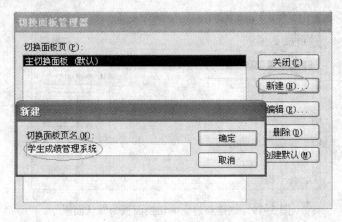

图 5-77　添加切换面板

　　(4) 单击"确定"按钮，会回到"切换面板管理器"对话框，在对话框中的"切换面板页"上会出现刚才新建的"学生成绩管理系统"切换面板，选中它，并在"切换面板管理器"对话框上单击"编辑"按钮，弹出"编辑切换面板页"对话框。

　　(5) 单击"编辑切换面板页"对话框中的"新建"按钮，在弹出的"编辑切换面板项目"对话框中对切换面板上要出现的项目和单击该项目将进行的操作进行设定。这里在"文本"文本框中输入第一个项目的名称"基础数据维护"；在"命令"下拉框中选择单击该项目要执行的操作，这里选择"在'编辑'模式下打开窗体"；在"窗体"列表框中选择要打开的窗体为例 5-13 中建立的第一个二级控制面板窗体"基础数据维护"，然后单击"确定"按钮，如图 5-78 所示。

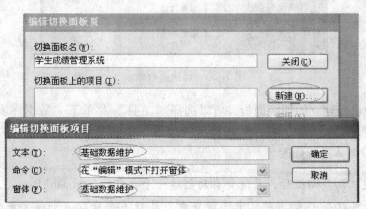

图 5-78　向切换面板上添加项目

　　(6) 重复 (5) 中的操作，再在切换面板中添加项目"成绩查询"、"报表预览"、"退出系统"，并设置打开例 5-13 中建立的对应的二级控制面板窗体，其中"退出系统"对应的"命令"选择"退出应用程序"。

　　(7) 单击"编辑切换面板页"界面中的"关闭"按钮，回到"切换面板管理器"界面，选中"学生成绩管理系统"切换面板，单击"创建默认"按钮将其设置为系统默认切换面板，如图 5-79 所示。当有多个切换面板时，默认切换面板是打开窗体时默认打开的面板。

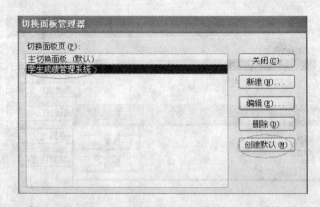

图 5-79 创建新建立的切换面板为默认面板

（8）至此就建立了"学生成绩管理系统"的主切换面板，关闭"切换面板管理器"，在数据库窗口中新出现一个"切换面板"窗体，双击查看所建立的主切换面板，效果如图 5-80 所示。

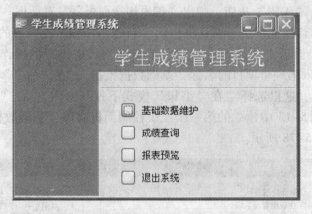

图 5-80 切换面板效果

如果想修改已经建立的切换面板，可以选择"工具"菜单下"数据库实用工具"项中的"切换面板管理器"命令，在"切换面板管理器"中进行修改，也可以在设计视图中打开"切换面板"窗体进行修改。

💡**注意**：建立切换面板后，系统会自动创建一个表"Switchboard Items"，里面记录着切换面板的信息，可以在"表"对象中进行查看，最好不要修改。如果要删除"切换面板"窗体，一定要将"Switchboard Items"表一同删除后，才能再创建新的切换面板。

🖱️**操作技巧**：如果想在数据库打开时自动打开"切换面板"窗体，可把"切换面板"窗体设为启动窗体。方法是单击"工具"菜单下的"启动"项，弹出"启动"对话框，在"选择窗体/页"列表框中选择"切换面板"。

5.7 使用窗体操作数据

窗体除了显示记录外，还可以对数据表中的数据进行操作，如修改、添加、删除和查找等。由于窗体是基于表或查询建立的，所以对窗体中数据的操作可以保存到数据表中。

5.7.1 在窗体中查看、添加、编辑和删除记录

设计一个窗体时，默认情况下，窗体的"导航按钮"属性设置为"是"，在窗体视图中打开窗体时，在窗体视图下方有一个导航条，如图5-81所示，导航条上的元素从左到右依次为"移到第一条"、"前移一条"、"记录编号框"、"后移一条"、"移到最后一条"、"添加新记录"。通过这个导航条可以实现记录的查看、添加和编辑。

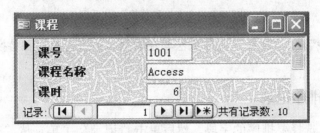

图5-81 导航条

1．查看记录

在窗体视图中打开窗体后，通过单击导航条上的按钮来浏览所有的记录。记录编号框中显示的是当前显示的记录的序号，通过在记录编号框内输入数字然后按〈Enter〉键，可以快速定位到指定的记录。

2．添加记录

在窗体视图中打开窗体后，单击"添加新记录"按钮▶＊，会在窗体上出现一个新的空白记录，在窗体上为每个字段输入数据，输入完成后从"记录"菜单中选择"保存记录"命令，或者按〈Shift + Enter〉组合键保存记录。

3．编辑记录

在窗体视图中打开窗体后，首先通过记录导航按钮找到要编辑的记录，然后单击选中要编辑的字段，重新输入新的数据。

按〈Esc〉键可以取消对当前字段的更改，如果要保存所做的修改，可以直接移到下一条记录，或者从"记录"菜单中选择"保存记录"命令。如果要撤销对记录的修改，可以单击"编辑"菜单中的"撤销已保存记录"命令。

4．删除记录

在窗体视图中打开窗体后，首先通过记录导航按钮找到要编辑的记录，然后单击"编辑菜单"下的"删除记录"命令，或者单击工具栏上的删除记录按钮▶✕。这时会弹出一个对话框，询问是否要删除记录，单击"是"按钮即可将记录从数据库中删除。

5.7.2 在窗体中查找和替换数据

可以通过为某个字段设定查找条件来查找满足条件的记录。先在窗体视图中把光标放到要搜索的字段，然后单击"编辑"菜单中的"查找"命令，打开"查找和替换"对话框，如图5-82所示。

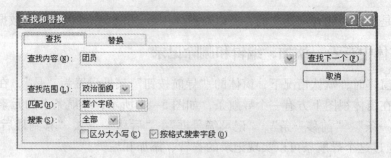

图 5-82　"查找和替换"对话框

接下来的"查找"和"替换"操作方法与在数据表中进行查找和替换数据的方法相同，在这里不再赘述。

5.7.3　在窗体中排序记录

在窗体视图中，选择要排序的字段，然后单击"记录"菜单，从"排序"子菜单中选择"按升序排列"或"按降序排列"命令，或直接单击工具栏上的"升序"按钮 $\frac{A}{Z}\downarrow$ 或"降序"按钮 $\frac{Z}{A}\downarrow$，即可实现按选定字段排序窗体中的记录。

若要取消对记录的排序，选择"记录"菜单中的"取消筛选/排序"命令即可。

5.7.4　在窗体中筛选记录

默认情况下，窗体中显示的是数据源中的所有记录。如果需要可以对窗体中的记录进行筛选。在窗体中可进行 4 种筛选：按选定内容筛选、按窗体筛选、输入筛选目标和高级筛选/排序。

1. 按选定内容筛选记录

【例 5-15】　在"学生"窗体中筛选"政治面貌"是"团员"的记录。

（1）在窗体视图中打开"学生"窗体。

（2）在窗体中查找到一个"政治面貌"是"团员"的记录，并选择其"政治面貌"字段。

（3）单击"记录"菜单下"筛选"子菜单中的"按选定内容筛选"命令，窗体将自动筛选出所有"政治面貌"是"团员"的记录显示，如图 5-83 所示。

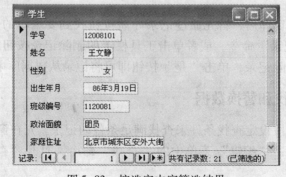

图 5-83　按选定内容筛选结果

（4）单击"记录"菜单中的"取消排序/筛选"命令可取消筛选状态。

2. 按窗体筛选记录

【例5-16】 在"学生"窗体中筛选"班级编号"是"1120081"和"1120082"的"团员"记录。

（1）在窗体视图中打开"学生"窗体。

（2）单击"记录"菜单下"筛选"子菜单中的"按窗体筛选"命令，窗体会切换到"按窗体筛选"状态，在这个状态下的窗体中输入内容作为筛选条件。在同一个窗体中输入的多个条件间是"与"的关系，若想实现"或"运算，单击窗体下方的"或"，再输入进行"或"运算的条件。本例的条件设置如图5-84和图5-85所示。

图5-84 设置第一个筛选条件　　　　图5-85 设置第二个筛选条件

（3）单击"记录"菜单中的"应用排序/筛选"命令即可看到筛选结果。

（4）单击"记录"菜单中的"取消排序/筛选"命令可取消筛选状态。

3. 输入筛选目标

【例5-17】 在"学生"窗体中筛选出所有姓"李"的学生。

（1）在窗体视图中打开"学生"窗体。

（2）使用鼠标右键单击"姓名"字段，在弹出的快捷菜单中的"筛选目标"文本框中输入"like " 李 * " "，如图5-86所示。

（3）按〈Enter〉键或将光标移出文本框即可看到筛选结果。

（4）单击"记录"菜单中的"取消排序/筛选"命令可取消筛选状态。

4. 高级筛选/排序

【例5-18】 在"学生"窗体中使用"高级筛选/排序"筛选出所有1985年1月1日之后出生的团员记录。

（1）在窗体视图中打开"学生"窗体。

（2）单击"记录"菜单下"筛选"子菜单中的"高级筛选/排序"命令，在打开的筛选窗口中设置筛选条件，本例的设置如图5-87所示。

（3）关闭筛选窗口后单击"筛选"菜单中的"应用排序/筛选"命令即可看到筛选结果。

（4）单击"记录"菜单中的"取消排序/筛选"命令可取消筛选状态。

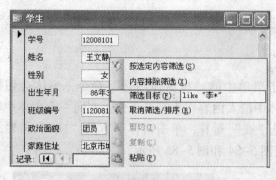
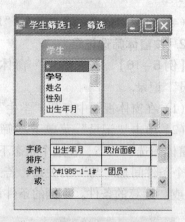

图 5-86　输入筛选条件　　　　　　　　图 5-87　设置筛选条件

实训

【实训 5-1】　使用多种向导创建窗体

（1）利用"窗体向导"在"学生成绩管理系统"中建立窗体，要求窗体显示学生的"学号"、"姓名"、"课号"、"平时成绩"、"考试成绩"信息。要求查看数据的方式是"通过学生"，分别建立带子窗体的窗体和链接窗体。

（2）利用"自动创建窗体"在"学生成绩管理系统"中以"学生"表为数据源分别建立"纵栏式"、"表格式"和"数据表"式窗体。

（3）利用"图表向导"在"学生成绩管理系统"中建立统计不同政治面貌的学生人数分布情况的图表窗体，要求以"饼图"形式显示。

【实训 5-2】　用设计器创建窗体

（1）在"学生成绩管理系统"中建立一个窗体显示学生的"学号"、"姓名"、"性别"、"班级编号"、"年龄"。要求"性别"用"选项按钮"控件显示，"班级编号"用"选项组"控件显示，"专业"用"组合框"显示，"年龄"用"计算型文本框"显示。

（2）在"学生成绩管理系统"中建立一个名为"查看各班学生成绩"的窗体，要求在窗体至少有一个文本框和一个命令按钮。文本框用于接收用户输入的"班级编号"，单击命令按钮可查询出对应班级学生的"学号"、"姓名"及每个学生对应的"课号"、"成绩"。

【实训 5-3】　使用窗体操作数据

（1）在"学生"窗体中用不同的筛选方法筛选出所有男生的记录。

（2）在"学生"窗体中用不同的筛选方法筛选出 1986 年出生的团员。

【实训 5-4】　为"图书管理系统"设计相关窗体

（1）完成"学生基本信息窗体"、"教师基本信息窗体"和"图书基本信息窗体"的创建。

（2）建立"学生借阅"窗体，用于接收借阅信息，其中至少包括 4 个文本框，分别用于接收学生的学号、图书的书号、当前日期（设定其默认值为当天日期）、还书日期（是当前日期加一个月的时间）。

（3）建立"学生借阅信息查询"窗体，要求在窗体中至少有一个文本框和一个命令按钮。文本框用于接收用户输入的"学号"，单击命令按钮可查询出对应学生的借阅情况。

（4）为"图书管理系统"建立切换面板，其中至少包括"基本信息查询"、"借阅信息查询"、"借阅"、"退出系统"项目。

思考题

1. 窗体有哪些作用？

2. 使用自动创建窗体时，有哪些条件限制？

3. 在使用选项组控件时，先创建组合框内应该包含的选项按钮，然后再创建选项组并把已经建立的选项按钮拖入选项组，是否可行？为什么？

4. 窗体中的工具箱有何用途？如果打开窗体时看不到工具箱，应如何操作使工具箱显示？

5. 如果想在对命令按钮"单击"时产生相应的动作，应如何操作？

第6章 创建和使用报表对象

6.1 报表概述

6.1.1 报表的作用

报表的主要作用是实现数据库数据的打印。应用一个数据库系统，很多时候都需要将处理的数据以报表的方式输出，报表打印功能几乎是每一个信息系统都必须具备的功能。

窗体和报表都可以用来获取数据库中的信息，并且都可以打印，但窗体是交互式的，允许用户编辑或查看数据库中的信息，窗体最主要的作用是提供操作数据库的界面。报表是只读的，设计好后可以预览或打印。报表的主要作用是根据不同的使用对象，设计打印出让用户一目了然的表单。利用报表，用户可以比较精确地组织信息和设置信息的格式以适合特定的用途和规格。如对于考试成绩，要看各个学生的成绩，可以设计如图6-1所示报表，要看每门课程学生的成绩情况，可以设计如图6-2所示报表。

各课程成绩情况报表

课程名称	学号	姓名	成绩
Access			
	120081	蒋小诗	70
	120081	刘阳	81
	120081	孙西秋	85
	120081	钱南复	78
	120081	李北东	81
	120081	尹莉莉	99
	120081	王文静	82
	120081	钱华明	55
	120081	曹东阳	80
	120082	陶骏	72
	120082	王双龙	73

最高分 99　　最低分 55　　不及格率 9.09%　优秀率 9.09%

SQL Server			
	120081	李北东	75
	120081	王文静	83
	120082	王文娟	87
	120081	刘阳	0
	120081	蒋小诗	73
	120081	孙西秋	95
	120081	尹莉莉	63
	120081	钱南复	83

最高分 95　　最低分 0　　不及格率 12.50%　优秀率 25.00%

学生成绩报表

学号	姓名	课程名称	成绩
12008101	王文静		
		SQL Server	83
		计算机基础	90
		Access	82
12008102	刘阳		
		Access	81
		SQL Server	0
		计算机基础	84
12008103	孙西秋		
		计算机基础	79
		Access	85
		SQL Server	95

图6-1　学生成绩报表　　　　　　图6-2　各课程成绩情况报表

报表也是以表或者查询作为数据源。从上面的例子可以看出，在报表中，可以显示原始数据，如学生的基本情况和成绩。还可以对数据进行计算、分析和汇总，如图 6-2 中对每门课分数最高分、最低分、不及格率、优秀率的计算。

Access 设计的报表当中，可以根据实际需要包含多种元素，如文本、数据、图片、线条、方框、图形等。在日常生活中，邮件标签、发票、销售额汇总以及电话号码本等都是报表的示例。

6.1.2 报表的视图

报表有 3 种视图：设计视图、打印预览视图和版面预览视图。用户在设计报表对象时只能使用其中的一种。根据用户需要，可以在这 3 种视图之间进行切换。下面分别介绍这 3 种视图。

1. 设计视图

设计视图用于创建报表或者修改已有报表的结构。在设计视图中，用户可以设置各种控件实现报表的不同功能；可以更改报表对象的结构、布局来控制报表的外观；可以对数据设置不同的分组并进行汇总运算，使报表中的数据更有条理。

在报表的设计视图中，Access 2003 为用户提供了丰富的可视化设计手段。用户不用编程仅通过可视化的直观操作就可以快速、高质量地完成实用、美观的报表设计。报表对象的设计方法、所用到的工具和设计窗体对象时相似。一个"学生信息"报表的设计视图如图 6-3 所示。

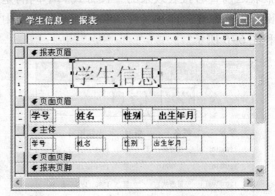

图 6-3 "学生信息"报表的设计视图

如果想在设计视图中打开一个已经存在的报表，可以在数据库窗口中选中此报表，然后在数据库窗口的工具栏中单击"设计"按钮 设计⑩。如果已经在报表的其他视图中打开了报表，可以从"视图"菜单中选择"设计视图"命令，切换到设计视图。

2. 打印预览视图

打印预览视图用于查看报表每一页上显示数据的打印效果。打印预览视图所显示的报表布局和打印内容与实际的打印结果是一致的，通过打印预览视图用户可以检查设计的报表是否达到了预期的打印效果。

如果想在打印预览视图中打开一个已经存在的报表，用鼠标左键双击此报表即可，也可以在数据库窗口中选中此报表，然后在"文件"菜单中选择"打印预览"命令。如果已经在报表的设计视图中打开了报表，可以用"视图"按钮 或者从"视图"菜单中选择"打印预览视图"命令，切换到打印预览视图。在打印预览视图中预览"学生信息"报表，如图 6-4 所示。

当预览的内容有多页时，可以单击记录导航按钮查看其他页。在打印预览视图窗口中单击鼠标右键，在弹出的快捷菜单中可以设置预览页面的大小比例、设置同时查多页报表等。

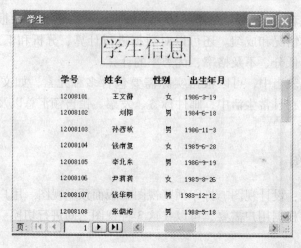

图6-4 报表的打印预览视图

3. 版面预览视图

版面预览视图可以预览报表的版面。版面预览视图和打印预览视图相类似,都是在打印报表之前查看报表效果的一种方式。不同的是版面预览视图只显示报表中的部分记录作为示例。例如,在打印预览视图和版面预览视图中预览"学生信息"报表时,画面分别如图6-5和图6-6所示。

图6-5 打印预览视图

图6-6 版面预览视图

报表对象一般是以表或查询作为数据源的，当表中的记录较多或查询的运算量特别大时，采用打印预览视图来检验报表的布局和功能实现情况会占用很长时间，影响报表设计的工作效率。而版面预览视图只对数据源中的部分数据进行数据格式化，所以版面预览会更快，可以让用户既不至于等待太长的时间，又能预览报表对象的打印效果。

💡**注意**：只有在设计视图中才能转换到版面预览方式，打印预览视图与版面预览视图之间不能直接相互转换。

6.1.3 报表的结构

报表对象的结构与窗体对象的结构很相似，也是由 5 个节构成的。它们分别是："报表页眉"节、"页面页眉"节、"主体"节、"页面页脚"节和"报表页脚"节。图 6-7 为"地址簿示例数据库"中报表"生于本月"的设计视图，从中可以看到一般报表所具有的 5 个节。

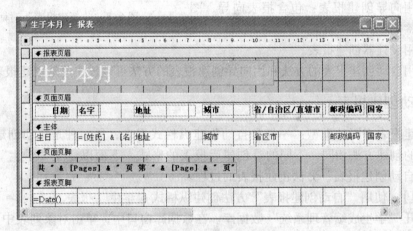

图 6-7　报表的结构

报表的每个节在设计中有特定的用途，相同的设计内容放在不同的节中，打印时的显示效果会不同。应根据需要将不同的内容放在合适的节中。

（1）报表页眉：在打印的报表中，报表页眉的内容只出现一次。通常在报表页眉中放置报表封面需要显示的信息，如徽标、报表标题、报表说明或打印日期等。报表页眉在打印报表第一页页面页眉的前面。

（2）页面页眉：出现在报表每页的顶部。常利用它显示列标题、页码等信息。

（3）主体：该节用于显示报表数据源中的记录，是报表的主要组成部分。

（4）页面页脚：在报表每页的底部出现，常利用它显示页码、本页汇总数据等内容。

（5）报表页脚：只在报表结尾处出现一次。常利用它显示整个报表的统计数据，如报表总结、合计、打印日期等。它出现在打印报表最后一页的页面页脚之后。

报表的 5 个节中"主体"节是必不可少的，"页面页眉/页脚"和"报表页眉/页脚"可在"视图"菜单中选择是否出现。另外根据需要还可以向报表中添加更多的节，这将在后面章节中详细介绍。

6.2 快速创建报表

创建报表有很多种方法。例如在数据库窗口中选择作为数据源的表或查询，然后单击自动报表图标 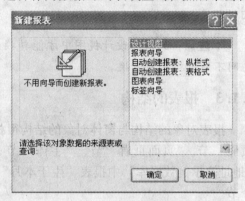，就可创建出基于该表或查询的报表；再比如前面在第 2 章中提到过可以用"另存为"的方法把一个表直接保存为一个报表。除此之外，Access 还提供了其他的建立报表的方法。在数据库窗口中选择报表对象，单击"新建"按钮 新建(N)，出现如图 6-8 所示"新建报表"对话框。可以看出创建报表有 3 种方法。

图 6-8 "新建报表"对话框

(1) 自动创建报表：包含纵栏式和表格式，在设置数据源后可自动创建对应格式的报表。

(2) 使用向导创建报表：包含报表向导、图表向导、标签向导。

(3) 使用设计器创建报表。

其中使用自动创建报表的方法和用向导创建报表的方法可以较快速地创建报表。

6.2.1 自动创建报表

自动创建报表有两种类型：一种是自动创建纵栏式报表，另一种是自动创建表格式报表。这两者的创建方法相同，不同的是创建后报表的格式。下面以建立"学生"报表为例介绍使用"自动创建报表"方法创建报表的过程。

【例 6-1】 使用"自动创建报表"方法创建纵栏式"学生"报表。

(1) 打开"学生成绩管理系统"数据库。在数据库窗口中，单击对象列表中的"报表"对象，如图 6-9 所示。

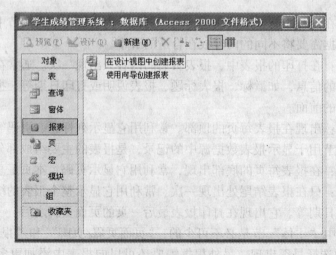

图 6-9 数据库窗口

（2）在图6-9中，单击窗口工具栏上的"新建"按钮 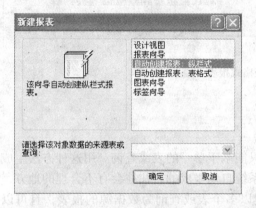新建(N)，弹出"新建报表"对话框，在该对话框中选择"自动创建报表：纵栏式"，如图6-10所示。

（3）在如图6-10所示"新建报表"对话框中，单击"请选择该对象数据的来源表或查询"右边的下拉按钮 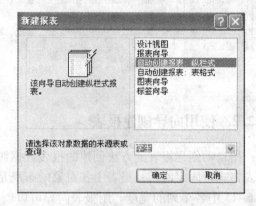，从中选择报表的数据源，可以是表也可以是查询。这里选择"学生"表，如图6-11所示。

图6-10　选择"自动创建报表：纵栏式"

图6-11　选择数据源

（4）单击"确定"按钮，可生成如图6-12所示的纵栏式报表。

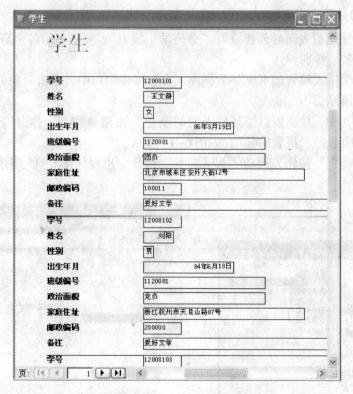

图6-12　纵栏式报表

在例6-1的步骤（2）中改为选择"自动创建报表：表格式"，就可创建如图6-13所示的表格式报表。

图 6-13 表格式报表

6.2.2 使用向导创建报表

用自动创建报表的方法创建的报表数据源只能基于单一的表或查询。用这种方法生成的报表格式是固定的，且报表中各对象的布局是系统自动生成的，往往会有不合理的地方，如图 6-13 中各个列的宽度。用报表向导可以创建以多个表或查询为数据源的报表，且可以比较灵活地设置报表的格式。Access 2003 提供了报表向导、图表向导、标签向导来创建不同风格的报表。下面分别通过例子介绍用这 3 种向导建立报表的方法。

1. 用报表向导建立报表

【例 6-2】 使用报表向导创建报表"分班学生报表"，要求显示各个班级名称及班级中学生的学号、姓名、性别。

（1）打开"学生成绩管理系统"数据库。在数据库窗口中，单击对象列表中的"报表"对象，如图 6-9 所示。

（2）在图 6-9 中，单击窗口工具栏上的"新建"按钮 新建(N)，弹出"新建报表"对话框，在该对话框中选择"报表向导"，如图 6-14 所示。

（3）单击"确定"按钮，启动"报表向导"命令，出现如图 6-15 所示的"报表向导"对话框。

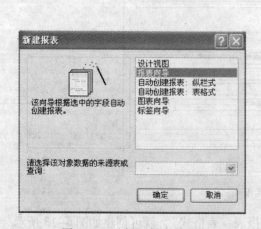

图 6-14 选择"报表向导"

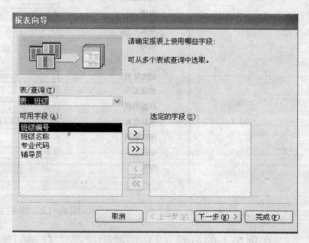

图 6-15 "报表向导"对话框

（4）从"表/查询"组合框中选择作为报表记录源的表或查询，然后在"可用字段"列表框中会出现该表或查询包含的字段。选择报表中需要的字段，用按钮⬚可将其添加到"选定的字段"列表框中。可以分别从多个表或查询中选择字段。

本例从"学生"表中选择"学号"、"姓名"、"性别"字段，从班级表中选择"班级名称"字段添加到"选定的字段"列表框中，如图6-16和图6-17所示。

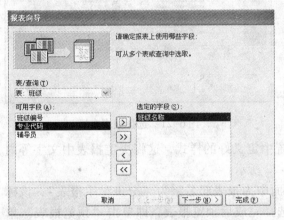

图6-16 从"班级"表中添加所需字段

图6-17 从"学生"表中添加所需字段

（5）单击"下一步"按钮，出现如图6-18所示的对话框，在此处选择不同的查看数据的方式，数据将会以不同的方式分组显示，在右侧画面可以看到其示例。在这里选择"通过班级"查看，可以将数据以班为分组打印出来。

（6）单击"下一步"按钮，出现如图6-19所示的对话框。在这里可以添加或删除分组，如果有多个分组的话，分组的顺序非常重要，可以用"优先级"按钮调整分组的顺序。

本例不需要改变分组设置，直接单击"下一步"按钮。

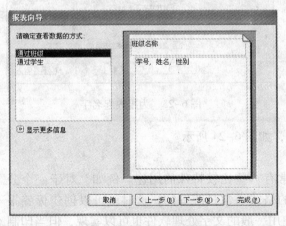

图6-18 选择查看数据的方式

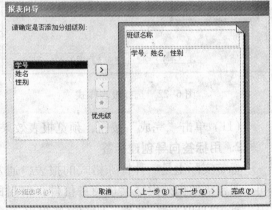

图6-19 确定分组级别

（7）在接下来的对话框中可以确定记录在报表中的排列顺序。本例中选择按"学号"的升序排列，如图6-20所示。

（8）单击"下一步"按钮，在如图6-21所示的对话框中选择报表的布局样式和方向，可以在左侧看到显示出的布局效果。本例选择布局为"递阶"，方向为"纵向"。

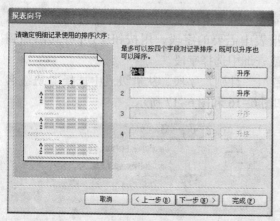

图 6-20　对记录排序

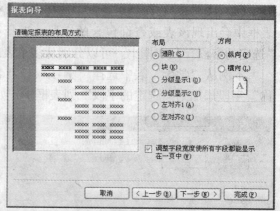

图 6-21　选择报表布局

（9）单击"下一步"按钮。选择报表系统中定义好的样式，这将决定报表中文字等内容的外观。本例选择样式为"正式"，如图 6-22 所示。

（10）单击"下一步"按钮，在打开的界面中为报表起名字为"分班学生报表"，该标题将作为报表标题并出现在报表首页上方，选择完成后预览报表，即单击"预览报表"单选按钮，如图 6-23 所示。

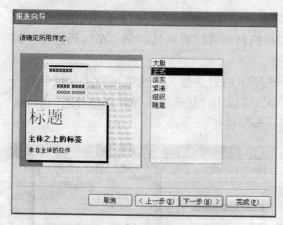

图 6-22　选择报表样式

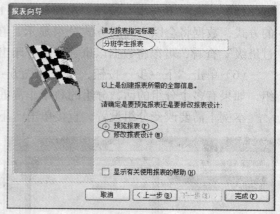

图 6-23　为报表起名字

（11）单击"完成"按钮，预览报表效果，如图 6-24 所示。

2. 用标签向导创建标签

标签实际上是一种特殊格式的报表，通常有一些比较特殊的用途。例如，对于一个公司，常常需要向外发送大量商务信件，信封的格式通常是统一的，这时就可以创建标签报表，批量打印信封。当然，印制这些报表，使用一般的文字处理软件也可以实现，但当印制的数量非常大，且需要从数据表中提取数据时，用 Access 提供的标签向导功能，要比文字处理软件方便、快捷。

【例 6-3】　假如新生报到时需要向各位新生发放分班情况单，使用标签向导创建一个"新生分班"标签。要求显示内容包含学生的学号、姓名、所属系别、班级名称和辅导员。

（1）使用标签向导时，数据源只能基于单一的表或查询。本例需要的数据不在一个表

图 6-24　预览报表

中，所以要先建立一个查询作为报表的数据源。本例所设计查询的设计视图界面如图 6-25 所示，查询名称为"新生分班"。

（2）在数据库窗口中，单击对象列表中的"报表"对象，然后单击窗口工具栏上的"新建"按钮 新建(N)，弹出"新建报表"对话框，在该对话框中选择"标签向导"，并在"请选择该对象数据的来源表或查询"右边的组合框中选择报表的数据源"新生分班"查询，如图 6-26 所示。

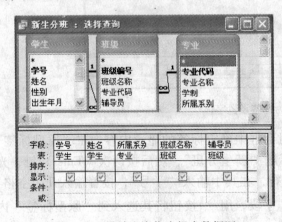

图 6-25　设计查询作为报表数据源

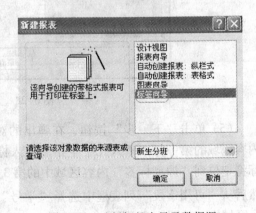

图 6-26　选择标签向导及数据源

（3）单击"确定"按钮，然后在"标签向导"对话框中选择要创建的标签类型：标准型标签或自定义标签，这里在标准型中选择。在"按厂商筛选"后的组合框中选择

"Avery", "度量单位"选择"公制", 然后选择型号为"C2166"的标准型标签, 其尺寸为"52 mm×70 mm", 横标签号为"2", 表示每排放置两个标签, 如图 6-27 所示。

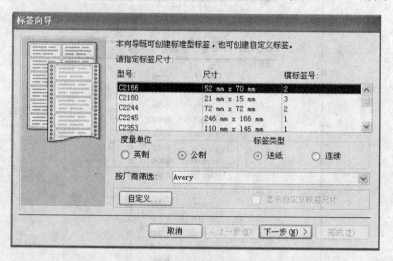

图 6-27　选择标签样式

（4）单击"下一步"按钮, 在如图 6-28 所示的对话框中为标签设置字体和颜色, 本例使用默认值。

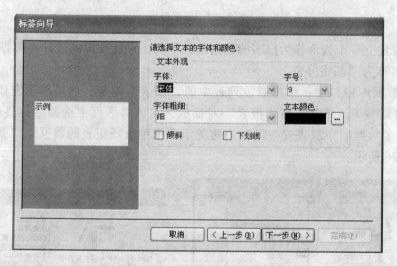

图 6-28　为标签设置字体

（5）单击"下一步"按钮, 在弹出的对话框中确定标签的显示内容。在"原型标签"内容区域的第一行中输入几个空格后输入标题"新生分班", 然后按两次〈Enter〉键, 光标将定位到"原型标签"内容区域中的第 3 行, 在其中输入"学号", 接着输入几个空格, 然后从"可用字段"列表框中选择"学号"字段, 用 > 按钮将其选入到"原型标签"内容区域中, 如图 6-29 所示。

（6）按〈Enter〉键, 光标移入标签内容的下一行, 用和（5）类似的方法设计标签内容的剩余部分, 设计完成后的对话框, 如图 6-30 所示。

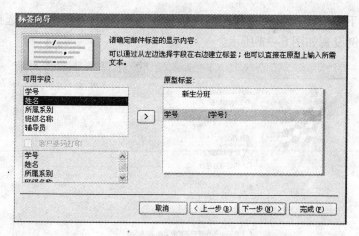

图 6-29　设置标签前半部分显示内容

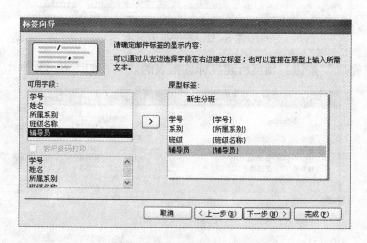

图 6-30　设置标签显示内容

（7）单击"下一步"按钮，在弹出的对话框中确定排序依据的字段。本例设置按"班级名称"排序，如图 6-31 所示。

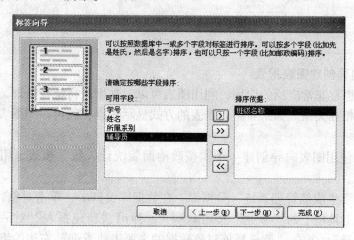

图 6-31　选择排序依据

（8）单击"下一步"按钮，在弹出的对话框中为报表指定名字，并选择创建标签后要执行的操作。本例设置如图 6-32 所示。

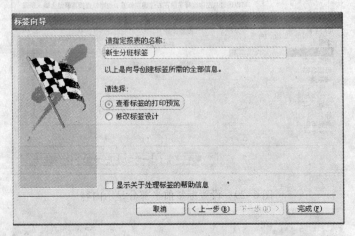

图 6-32　指定报表名称

（9）单击"完成"按钮，预览所建立标签报表的效果，如图 6-33 所示。

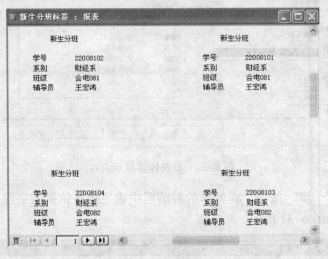

图 6-33　标签报表效果

3. 用图表向导创建图表报表

图表在报表也有非常广泛的应用，利用图表可以对数据进行统计处理，能比较直观地体现数据的特点及相互关系。如果希望以图表的方式显示数据，就可以用图表向导来建立图表报表。

【例 6-4】　使用图表向导创建一个"按政治面貌统计人数"报表，用来统计各种政治面貌的学生人数。

（1）打开"学生成绩管理系统"数据库，在数据库窗口中，单击对象列表中的"报表"对象，单击窗口工具栏上的"新建"按钮 ![新建(N)]，弹出"新建报表"对话框，在该对话框中选择"图表向导"，并在"请选择该对象数据的来源表或查询"右边的组合框中选择报表的数据源"学生"表，如图 6-34 所示。

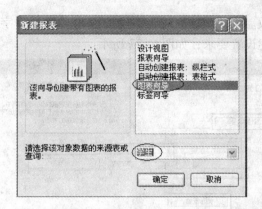

图 6-34 选择图表向导及数据源

（2）单击"确定"按钮，在"图表向导"对话框中选择图表数据所在的字段。本例需要"学号"和"政治面貌"字段，选择这两个字段后的对话框，如图 6-35 所示。

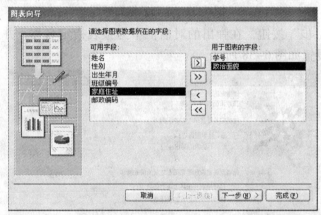

图 6-35 选择图表所需字段

（3）单击"下一步"按钮。在如图 6-36 所示的对话框中选择图表的类项。本例选择第一项"柱形图"。

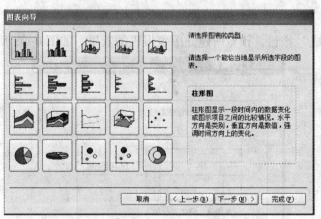

图 6-36 选择图表类型

（4）单击"下一步"按钮，在弹出的对话框中确定数据在图表中的布局方式。根据要求，这里选择"政治面貌"字段作为横坐标，纵坐标为对"学号"字段进行计数，从而统计出每种政治面貌的人数。将"政治面貌"字段按钮和"学号"字段按钮分别拖拉到横坐标和纵坐标处可实现上述设置要求，如图 6-37 所示。

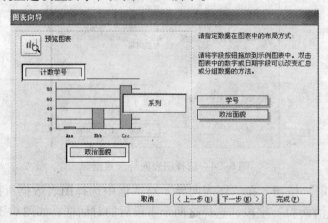

图 6-37　选择数据布局

（5）单击"下一步"按钮，在弹出的对话框中为报表指定名称，并选择创建标签后要执行的操作。本例设置如图 6-38 所示。

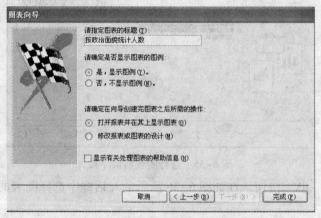

图 6-38　指定报表名称

（6）单击"完成"按钮，预览所建立图表报表的效果，如图 6-39 所示。

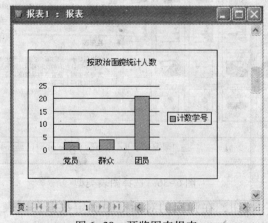

图 6-39　预览图表报表

6.3 用设计器创建报表

用各种向导创建报表虽然快捷，但使用向导创建的报表对象，一般都不能完全满足实际应用的需要。另外，报表上图片与背景的设置、一些特殊要求的计算等都必须在报表设计视图中才能设计完成。下面用实例介绍用设计器创建报表的一般方法。

【例6-5】 使用设计器创建一个"学生基本情况"报表，要求显示学生的学号、姓名、性别、出生年月、政治面貌。

（1）打开"学生成绩管理系统"数据库，在数据库窗口中，单击对象列表中的"报表"对象，单击窗口工具栏上的"新建"按钮 ⬚ 新建(N)，弹出"新建报表"对话框，在该对话框中选择"设计视图"，如图6-40所示。

（2）单击"确定"按钮，在设计视图中打开了一张空白报表，它包含"页面页眉"、"主体"和"页面页脚"3个节，如图6-41所示。

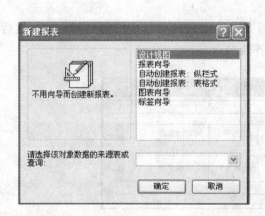

图6-40 选择"设计视图"新建报表　　图6-41 在设计视图中新建一张空白报表

（3）单击工具栏上的"属性"按钮 ⬚，出现"属性"窗口。在"对象"列表框中选择"报表"，单击"数据"选项卡，然后为"记录源"属性选择"学生"表，如图6-42所示，此时将出现"学生"表中的字段列表。

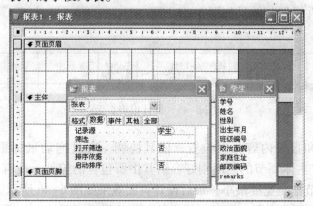

图6-42 设置报表的记录源

（4）在字段列表中选择所需的字段"学号"、"姓名"、"性别"、"出生年月"、"政治面貌"，将它们拖入报表的"主体"节中，以创建绑定文本框和附加标签，如图6-43所示。

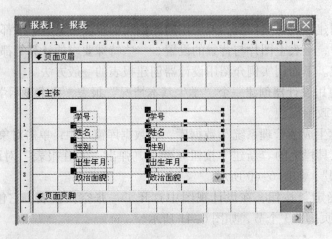

图6-43　在报表中添加控件

（5）将文本框的附加标签剪切至"页面页眉"节，把附加标签中的冒号都去掉，然后调整各个控件，使它们实现如图6-44所示的对齐效果。

图6-44　在设计视图中调整报表布局

（6）单击"视图"菜单中的"报表页眉/页脚"命令，在设计视图中出现"报表页眉"节和"报表页脚"节。在"报表页眉"中添加一个"标签"控件，在其中输入报表的标题"学生基本情况"，并设置其效果如图6-45所示。

图6-45　设计报表页面

（7）调整标题和报表内容相对位置，使其协调。通过拖动鼠标更改各节的高度，使"页面页眉"节和"主体"节的高度刚好容纳其中所包含的控件。没有内容的"页面页脚"节和"报表页脚"节拖至宽度最小，最后设计页面效果如图6-46所示。

（8）转换到打印预览视图，可以对报表的打印效果进行预览，如图6-47所示。

图 6-46　设计视图中完成设计的报表

图 6-47　预览"学生基本情况"报表的部分数据

可以看出用设计器设计报表没有用向导快捷，尤其是在调整控件的分布上较费时间。设计报表常使用的方法是先用向导创建报表对象，然后进入报表设计视图进行详细的修改，这样可以兼顾两种方法的优点。

6.4　报表设计常用技巧

在实际应用中，往往会对报表的设计有一些特殊要求，如对报表中的数据进行排序和分组、设置一页打印多列报表数据、向报表中插入页码等。在设计视图中利用一些常用的技巧，能满足这些要求，从而设计出功能更为强大的报表。

6.4.1　报表记录的排序和分组

在创建报表时，通常需要对报表中的数据进行排序或分组。使用排序，可以使数据按一定变化规律排列。使用分组，可以按组（如按班级或按课程）来组织和安排记录，组可以嵌套。通过分组可以使数据的条理更加清晰，可以方便地利用组之间的关系迅速找到所需信息，使用分组还便于对组内的数据进行运算，按组显示汇总信息。

【例6-6】 创建一个"各班学生成绩报表"，要求先按照"班级名称"进行分组，再按"学号"进行分组，每组内按"课程名称"的升序排列数据。显示出每班的班级名称，每班内学生的学号、姓名，该学生选修的课程名称和综合成绩。

（1）打开"学生成绩管理系统"数据库，在数据库窗口中，单击对象列表中的"报表"对象，单击窗口工具栏上的"新建"按钮 📄新建(N)，弹出"新建报表"对话框，在该对话框中选择"设计视图"。

（2）单击"确定"按钮，在设计视图中打开一张空白报表。

（3）单击工具栏上的"属性"按钮，打开报表属性窗口，选中属性窗口中的"数据"选项卡，把光标定位在"记录源"属性中，然后单击记录源属性框后的"生成器"按钮[…]，打开查询生成器为报表设置记录源。根据本报表要求，在查询生成器中设置的记录源如图6-48所示。

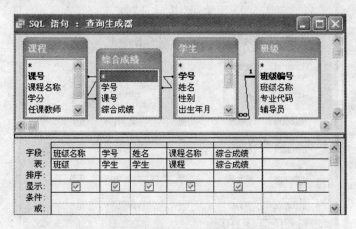

图6-48 在查询生成器中设置生成记录源的查询

（4）关闭查询生成器，在弹出的如图6-49所示的对话框中单击"是"按钮，保存对记录源属性的修改。此时将出现字段列表窗口，其中包括"班级名称"、"学号"、"姓名"、"课号名称"、"综合成绩"字段。

图6-49 保存对记录源属性的修改

（5）在"视图"菜单中选择"排序与分组"命令，在出现的"排序与分组"对话框的"字段/表达式"列中选择"班级名称"，设置"组页眉"为"是"，由于不需要计算，设置"组页脚"为"否"，如图6-50所示。该设置表明将报表的数据记录按"班级名称"分组。设置后会发现报表的设计视图中出现"班级名称页眉"节。

（6）用和（5）类似的方法在"排序与分组"对话框的第 2 行中，选择按照"学号"进行分组，设置后会发现报表的设计视图中出现"学号页眉"节，如图 6-51 所示。

💡**注意**："排序与分组"对话框中分组的次序非常重要，后出现的分组在先出现的分组中嵌套，如本例中"学号"分组是嵌套在"班级名称"分组中的。可以通过鼠标在"排序与分组"对话框中的拖动改变它们的先后次序，从而改变分组的嵌套关系。

图 6-50　设置按照"班级名称"分组

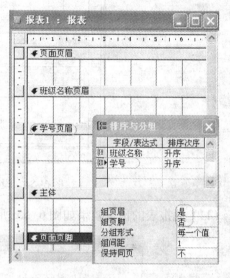

图 6-51　设置按照"学号"分组

（7）在"排序与分组"对话框的"字段/表达式"列的第 3 行中选择"课程名称"，在"排序次序"列选择"升序"，设置"组页眉"、"组页脚"均为"否"，如图 6-52 所示，表明组内记录的顺序按"课程名称"升序排序。

（8）将"字段列表"中的"班级名称"字段拖至"班级名称页眉"节；将"学号"、"姓名"字段拖至"学号页眉"节；将"课程名称"、"综合成绩"字段拖至"主体"节。将各个标签中的冒号去掉，然后将各个控件按如图 6-53 所示的方式对齐。

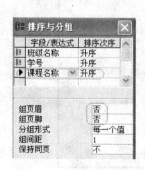

图 6-52　设置按照"课程名称"升序排序

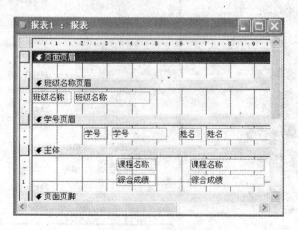

图 6-53　调整报表布局

149

（9）在"页面页眉"节中添加一个标签控件，输入标题为"各班学生成绩报表"，设置字体与对齐方式。

（10）将没有内容的"页面页脚"节拖至最小，最后的设计布局如图6-54所示。

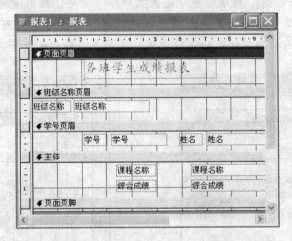

图6-54 设计视图中设计好的报表

（11）此报表的预览效果如图6-55所示。

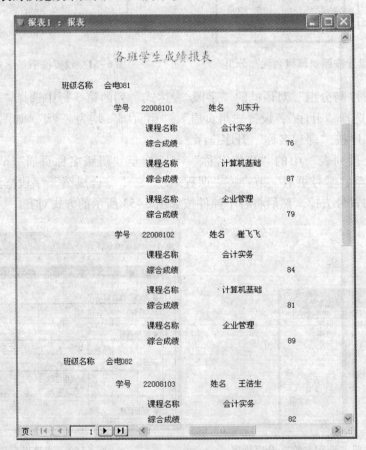

图6-55 预览"各班学生成绩报表"的部分数据

（12）在设计视图中单击"保存"按钮，在"另存为"对话框中为报表起名并保存报表。

6.4.2　报表中的计算

报表中不仅仅要显示数据源中的原始数据，很多时候还要查看并输出这些数据的汇总信息，可以在报表中对数据进行计算和汇总。

【例6-7】　在设计器中修改例6-6中的"各班学生成绩报表"，要求计算每个学生的平均成绩和每班学生的总体平均成绩。要求成绩保留一位小数。

（1）在设计视图中打开例6-6中设计的"各班学生成绩报表"。

（2）在"视图"菜单中选择"排序与分组"命令，在出现的"排序与分组"对话框中将"班级名称"分组的"组页脚"属性设置为"是"。此时在设计视图中将出现"班级名称页脚"节。

（3）在"排序与分组"对话框中将"学号"分组的"组页脚"属性设置为"是"。此时在设计视图中将出现"学号页脚"节。

（4）在"学号页脚"节中添加一个文本框控件，把其附加的标签控件的"标题"属性设置为"该生平均成绩"，把文本框控件的"控件来源"属性设置为"=Round（Avg（［综合成绩]），1)"，如图6-56所示。

（5）将"学号页脚"节中的标签控件和文本框控件复制至"班级名称页脚"节，将标签控件改名为"总体平均成绩"，如图6-57所示。

（6）将没有内容的"页面页眉"节拖至最窄，然后调整各个控件布局，最后设计视图如图6-57所示。

图6-56　"学号页脚"的设置　　　图6-57　设计视图中设计完成的报表

（7）报表的打印预览效果如图6-58所示。

不难看出，计算平均成绩的文本框在"学号页脚"中出现，计算的是每个学生的平均成绩。计算平均成绩的文本框在"班级名称页脚"中出现，计算的是所有学生、所有课程的整体平均成绩，这说明相同的计算型文本框控件，在不同的页脚中放置，其运算的范围和结果是不同的。换句话来说，当需要对不同的分组统计计算时，需要将其放到相应的分组页脚中。

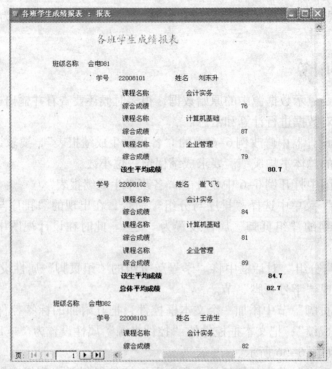

图 6-58　报表的打印预览效果

6.4.3　多列报表

当数据占据的宽度较小的时候，将数据以多列的形式显示和打印能节约资源，如例 6-3 中建立的"新生分班"标签报表就是一个多列报表。从图 6-33 所示的预览效果中可以看出，在一页中数据分成两列显示。

通过对报表进行页面设置可以创建多列报表。

【例 6-8】　学校要给每个学生的家里邮寄成绩单，创建如图 6-59 所示的多列报表"学生成绩单"。

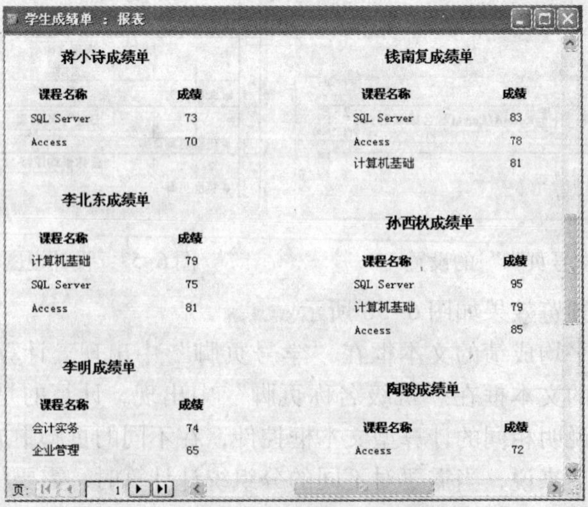

图 6-59　"学生成绩单"多列报表

（1）打开"学生成绩管理系统"数据库，在数据库窗口中，单击对象列表中的"报表"对象。

（2）双击数据库窗口中的"在设计视图中创建报表"选项，在设计视图中打开一张空白报表。

（3）单击工具栏上的属性按钮，打开报表属性窗口，选中属性窗口中"数据"选项卡，把光标定位在"记录源"属性中，然后单击记录源属性框后的"生成器"按钮，打开查询生成器为报表设置记录源。根据本报表要求，在查询生成器中设置的记录源，如图6-60所示。

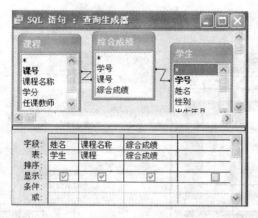

图6-60　在查询生成器中设置生成记录源的查询图

（4）关闭查询生成器，在弹出的如图6-61所示的对话框中单击"是"按钮，保存对记录源属性的修改。此时将出现字段列表窗口，其中包括"姓名"、"课程名称"和"综合成绩"字段。

（5）在"视图"菜单中选择"排序与分组"命令，在出现的"排序与分组"对话框的"字段/表达式"列中选择按"姓名"分组，设置"组页眉"为"是"，由于不需要计算，设置"组页脚"为"否"。设置后的"排序与分组"对话框如图6-62所示。

图6-61　保存对记录源属性的修改　　　　图6-62　设置按"姓名"分组

（6）在"姓名页眉"节中放置一个"文本框"控件，将其"控件来源"属性设置为"＝［姓名］&" 成绩单""，"字号"属性设置为"11"，"字体粗细"属性设置为"半粗"。

（7）在"姓名页眉"节中放置两个"标签"控件，其"标题"属性分别设置为"课程名称"和"成绩"，"字体粗细"属性均设置为"半粗"。

（8）从"字段列表"窗口中选中"课程名称"和"综合成绩"字段，将其拖入"主体"节中，删除它们附加的"标签"控件。

（9）将设计视图中没有内容的"页面页眉"节和"页面页脚"节拖至最小，调整窗体中各个控件的布局，调整后的设计视图如图6-63所示。

（10）在"文件"菜单中单击"页面设置"命令，弹出"页面设置"对话框。

（11）在"页面设置"对话框中，单击"列"选项卡，在"网格设置"区域中的"列数"文本框中，输入每一页所需的列数，本例设置为"2"，在"列间距"文本框中设置各列之间所需的距离。本例的设置如图6-64所示。

图6-63 布局好控件后的设计视图

图6-64 多列报表页面设置

（12）单击"确定"按钮，转换到打印预览视图，可看到如图6-59所示的预览效果。

（13）在设计视图中单击"保存"按钮，在"另存为"对话框中为报表起名并保存报表。

💡注意：在打印多列报表时，报表页眉和报表页脚及页面页眉和页面页脚跨越报表的完整宽度，但多列报表的组页眉和组页脚及主体节跨越一列的宽度。

6.4.4 添加页码和日期时间

通常在报表中会包含"第几页，共几页"等页码信息，或者显示当前的日期和时间等内容。

页码信息通常放在报表的"页面页眉"或"页面页脚"节中。在报表中插入页码需要执行下列步骤。

（1）在设计视图中打开要插入页码的报表。

（2）选择"插入"菜单中的"页码"命令，打开"页码"对话框，如图6-65所示。

（3）在"页码"对话框中，设置页码的格式、所在的位置和对齐方式，然后单击"确定"按钮即可在报表中插入页码。

日期信息通常放置在"报表页眉"或"报表页脚"节。在报表中插入日期时间需要执行下列步骤。

（1）在设计视图中打开要插入日期的报表。

（2）选择"插入"菜单中的"日期和时间"命令，打开"日期和时间"对话框，如图 6-66 所示。

图 6-65 "页码"对话框

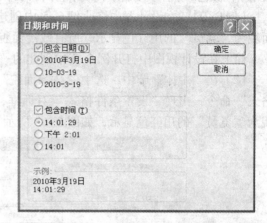

图 6-66 "日期和时间"对话框

（3）在"日期和时间"对话框中，设置日期和时间的格式，然后单击"确定"按钮即可在报表中插入日期和时间。

👆操作技巧：插入"页码"或"日期时间"后，在设计视图中会出现对应的文本框控件，如图 6-65 中的选择会出现如图 6-67 所示的文本框控件，图 6-66 中的选择会出现如图 6-68 所示的文本框控件。如果需要移动页码或日期的位置或者编辑它们的显示方式，对相应的文本框控件进行操作即可。

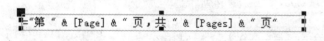

图 6-67 "页码"对应文本框控件

图 6-68 "日期和时间"对应文本框控件

6.4.5 为报表添加徽标、线条和方框

在报表中添加徽标可以使报表显得更加专业化，很多商用系统的报表都会包含一些徽标，如公司的标志等。徽标通常是以图片的形式存储的，所以在设计视图中利用工具箱中的"图像"控件可以添加徽标，和在窗体中添加图像的方法相似。另外，在利用数据库向导创建数据库时，向导其中有一步会询问是否为数据库中的所有报表添加一幅图片，如果选择了该选项并指定了图片，则系统中所有的报表都会将该图片显示在报表的左上角。

在报表中通常还需要添加线条来划分标题和内容，添加方框以使内容的布局更醒目，如前面如图 6-4 所示报表中的方框，如图 6-13 和如图 6-24 所示的报表中的线条。可利用工具箱中的直线和矩形控件进行添加，具体的方法和在窗体中添加直线和矩形的方法相同。需要说明的是，有时候需要调小报表的宽度，但是却不能够实现，一个常见的原因就是在报表中有线条阻碍了报表宽度的调小，这时必须选中该线条将其变短。

6.4.6 使用条件格式

使用条件格式可以让报表中符合一定条件的内容以特殊的外观显示。当需要强调报表的部分内容时, 使用条件格式可以使强调的内容显示得更加醒目。例如, 把不及格的成绩和优秀的成绩用不同颜色的字体表示出来, 或给它们加上不同的背景。下面举例说明如何使用条件格式。

【例6-9】 在设计器中修改例6-5中创建的"学生基本情况"报表, 要求将所有政治面貌为"党员"的用红色显示, 所有政治面貌为"群众"的加上灰色背景。

(1) 在设计视图中打开例6-5中创建的"学生基本情况"报表。

(2) 在"主体"节中, 选中"政治面貌"文本框, 然后在"格式"菜单中选择"条件格式"命令, 出现"设置条件格式"对话框, 在该对话框的"条件1"区域, 设置政治面貌为"党员"的用红色显示, 如图6-69所示。

图6-69 设置"政治面貌"为"党员"时的格式

(3) 单击"添加"按钮, 出现条件2的设置, 在条件2区域中, 所有政治面貌为"群众"的加上灰色背景, 如图6-70所示。

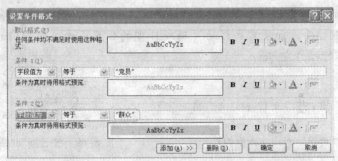

图6-70 设置"政治面貌"为"群众"时的格式

(4) 单击"确定"按钮, 完成条件格式的设置。在打印预览视图中预览报表的效果, 如图6-71所示。

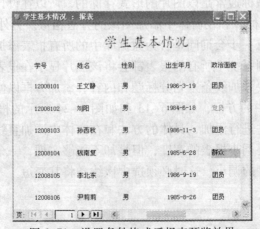

图6-71 设置条件格式后报表预览效果

156

实训

【实训 6-1】 用各种方式创建报表

（1）在"学生成绩管理系统"中，用向导创建"学生成绩报表"，如图 6-1 所示。

（2）在"学生成绩管理系统"中，以"成绩"表为数据源，建立表格式报表。

（3）学校需要给各个同学家里邮寄成绩单，设计一个两列标签报表"信封"，效果如图 6-72 所示。

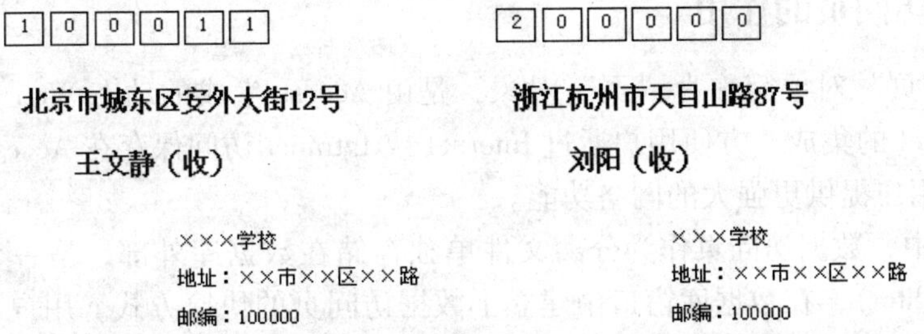

```
┌─┬─┬─┬─┬─┬─┐        ┌─┬─┬─┬─┬─┬─┐
│1│0│0│0│1│1│        │2│0│0│0│0│0│
└─┴─┴─┴─┴─┴─┘        └─┴─┴─┴─┴─┴─┘
```

北京市城东区安外大街12号   浙江杭州市天目山路87号

王文静（收）   刘阳（收）

×××学校   ×××学校
地址：××市××区××路   地址：××市××区××路
邮编：100000   邮编：100000

图 6-72 信封预览效果

【实训 6-2】 创建带有计算的报表

（1）在"学生成绩管理系统"中，建立如图 6-2 所示的"各课程成绩情况"报表，并在报表的"页面页脚"节中加入形如"共 2 页，第 1 页"的页码信息，在"报表页眉"节中加入日期信息。

（2）在"学生成绩管理系统"中，建立如图 6-73 所示的"各课程选修人数情况"报表，要求先按课程分组，再按性别分组，并要求统计选修每个课程的总人数、男女生人数及男女生占总人数的比例。

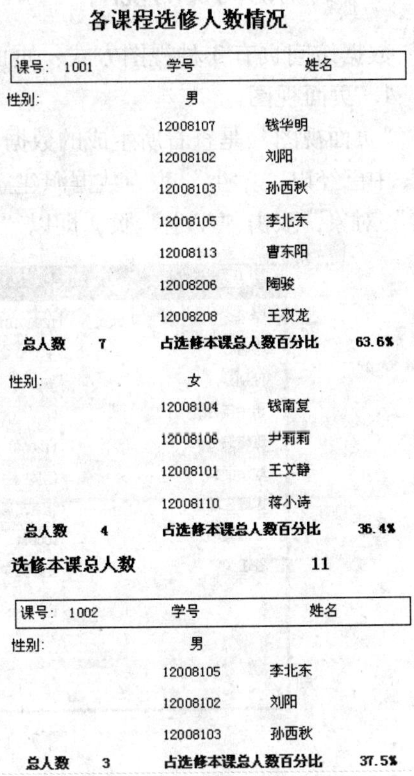

思考题

1. 报表和窗体有哪些区别？
2. 创建报表的方法有哪些？
3. 报表有哪几部分组成，各部分的作用是什么？
4. 报表有哪些视图？作用分别是什么？

各课程选修人数情况

课号: 1001	学号	姓名
性别:	男	
	12008107	钱华明
	12008102	刘阳
	12008103	孙西秋
	12008105	李北东
	12008113	曹东阳
	12008206	陶骏
	12008208	王双龙

总人数	7	占选修本课总人数百分比	63.6%

性别:	女	
	12008104	钱南复
	12008106	尹莉莉
	12008101	王文静
	12008110	蒋小诗

总人数	4	占选修本课总人数百分比	36.4%

选修本课总人数		11

课号: 1002	学号	姓名
性别:	男	
	12008105	李北东
	12008102	刘阳
	12008103	孙西秋

总人数	3	占选修本课总人数百分比	37.5%

图 6-73 "各课程选修人数情况"
报表预览效果

第7章 创建和使用数据访问页对象

7.1 数据访问页对象概述

7.1.1 数据访问页的作用

"数据访问页"对象简称为"页"对象，是由 Access 生成的动态 Web 页，它可以实现 Access 与 Internet 的集成，方便用户通过 Internet 或 Intranet 访问保存在 Access 数据库中的数据，为数据库用户提供更强大的网络功能。

在 Access 中，数据访问页作为分离文件单独存储在数据库外部，是一个独立于数据库之外的文件（.htm），在数据库窗口中建立了数据访问页的快捷方式。用户可以根据需要设计不同用途的数据访问页。

7.1.2 数据访问页的视图

数据访问页有 3 种视图方式：页面视图、设计视图和网页预览视图。

1. 页面视图

"页面视图"是查看所生成的数据访问页样式的一种视图方式，假如在"学生成绩管理系统"中已经以"学生"表为数据源建立了一个"学生"页，在数据库窗口的对象列表中选择"页"对象，双击"学生"页，即以"页面视图"方式打开该数据访问页，如图 7-1 所示。

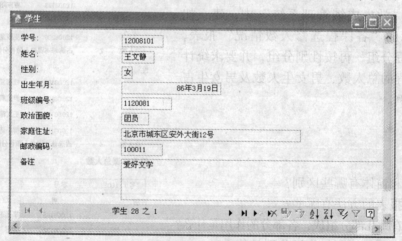

图 7-1　数据访问页的页面视图

2. 设计视图

"设计视图"是用于创建、设计、修改数据访问页的一种视图方式，在数据库窗口中选中"学生"页，然后单击数据库窗口工具栏上的"设计"按钮 设计(D)，即可以"设计视图"方式打开数据访问页，如图 7-2 所示。

158

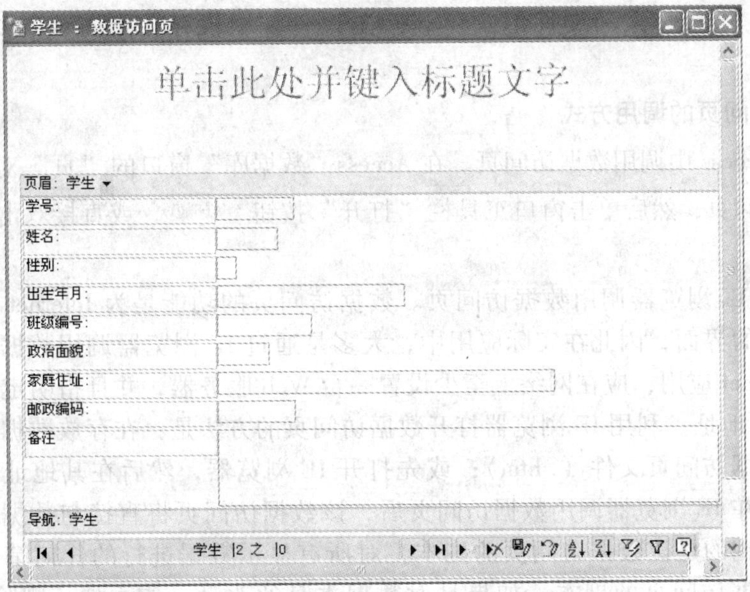

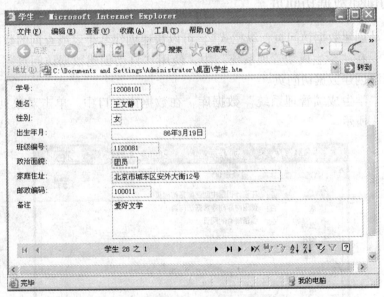

图 7-2　数据访问页的设计视图

3. 网页预览视图

"网页预览视图"是以网页形式打开数据访问页的一种视图方式,在数据库窗口中选中"学生"页,然后单击"文件"菜单中的"网页预览",即可以网页预览视图方式打开数据访问页,如图 7-3 所示。

图 7-3　数据访问页的网页预览视图

7.1.3　数据访问页的存储与调用

1. 数据访问页的存储方式

数据访问页不同于其他 Access 对象,它并不是保存在 Access 数据库文件中,而是

以一个单独的 .htm 格式的文件形式存储，在 Access 中仅存在指向该 .htm 格式文件的链接。

2. 数据访问页的调用方式

（1）在 Access 中调用数据访问页。在 Access"数据库"窗口的"页"对象中，选中要打开的数据访问页，然后单击窗口工具栏"打开"按钮 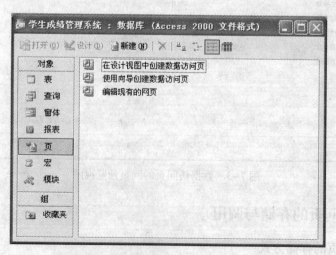打开(O)，或直接双击要打开的数据访问页。

（2）利用 IE 浏览器调用数据访问页。数据访问页的功能是为 Internet 用户提供访问 Access 数据库的界面，因此在实际应用中，大多是通过 IE 浏览器调用数据访问页。为了真正提供 Internet 应用，应在网络上至少设置一台 Web 服务器，并且指明定位 Access 数据访问页的 URL 地址。利用 IE 浏览器打开数据访问页的方法是：在存放数据访问页的文件夹下，双击数据访问页文件（.htm）；或先打开 IE 浏览器，然后在其地址栏中输入访问页文件路径。在 IE 浏览器调用数据访问页后，该数据访问页将直接与数据库连接。通常在浏览器中看到的是该数据访问页的副本，对所有显示数据进行的任何筛选和排序等操作只影响该数据访问页的副本。如果是对数据本身的改动，如添加、删除或修改数据，则将保存在源数据库中。

7.2 快速创建数据访问页

7.2.1 自动创建数据访问页

使用"自动创建数据访问页：纵栏式"，可以快速创建基于表或查询的数据访问页。

【例 7-1】 在"学生成绩管理系统"中，使用"自动创建数据访问页"的方法以"课程"表为数据源创建数据访问页。

（1）打开"学生成绩管理系统"数据库，在数据库窗口中，单击对象列表中的"页"对象，如图 7-4 所示。

图 7-4　在数据库窗口中选择"页"对象

（2）在图7-4中，单击窗口工具栏上的"新建"按钮，弹出"新建数据访问页"对话框，在该对话框中选择"自动创建数据页：纵栏式"，并选择"课程"表作为数据源，如图7-5所示。

（3）单击"确定"按钮，系统将自动创建"课程"数据访问页，并打开其页面视图，如图7-6所示。

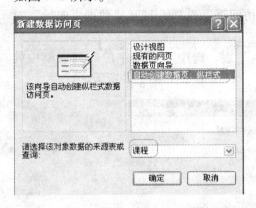

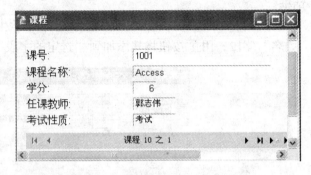

图7-5　"新建数据访问页"对话框　　　　图7-6　页面视图中的"课程"页

（4）单击"文件"菜单下的"保存"命令，打开"另存为数据访问页"对话框，如图7-7所示，由于数据访问页对象是存储在 Access 数据库文件之外的对象，所以要为其指定存储的地址以及文件名，最后单击"保存"按钮即可。

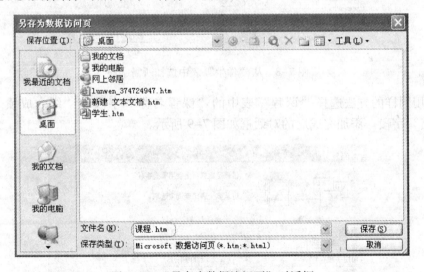

图7-7　"另存为数据访问页"对话框

注意：对数据访问页进行保存后，Access 会自动在"数据库"窗口的"页"对象页面中创建一个指向数据访问页的快捷方式，使用这个快捷方式可以在 Access 中直接打开或编辑数据访问页。

7.2.2　使用向导创建数据访问页

使用向导创建数据访问页时，系统会就记录源、字段、分组、排序版面和所需格式向用户进行询问，然后自动根据用户的要求完成数据访问页的创建。

【例7-2】 使用向导创建数据访问页"学生成绩"，显示学生的姓名、各门课的课程名称和综合成绩。

（1）打开"学生成绩管理系统"数据库，在数据库窗口中，单击对象列表中的"页"对象，如图7-4所示。

（2）单击数据库窗口中的"使用向导创建数据访问页"选项，打开"数据页向导"对话框。

（3）从"表/查询"下拉列表框中选择"学生"表，选中"可用字段"列表框中的"姓名"字段，用 按钮将其添加到"选定的字段"列表框中，如图7-8所示。

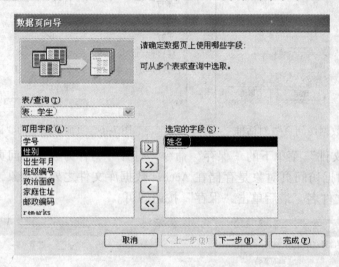

图7-8 从"学生"表中选择所需字段

（4）用同样的方法选择"课程"表中的"课程名称"字段和"综合成绩"查询中的"综合成绩"字段。添加完成后的对话框如图7-9所示。

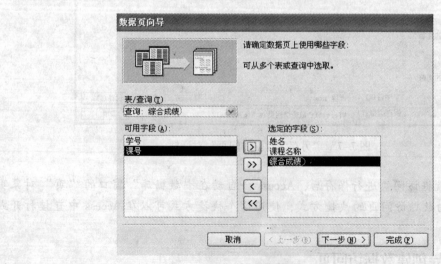

图7-9 选择所需字段

（5）单击"下一步"按钮，为页面添加分组级别，本例用"姓名"作为分组。选中字段列表中的"姓名"，用 ▷ 按钮将其添加为一个分组级别，添加分组后的"数据页向导"界面如图7-10所示。

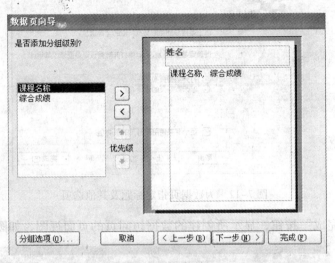

图7-10　添加分组级别

操作技巧：可以添加多个分组字段，当有多个分组字段时，可以通过单击优先级按钮来设置分组字段的优先级。单击 ◁ 按钮可以撤销用于分组的字段。

（6）单击"下一步"按钮，在如图7-11所示的界面中确定记录的排序次序，这里设置为按"课程名称"字段的"升序"排序。

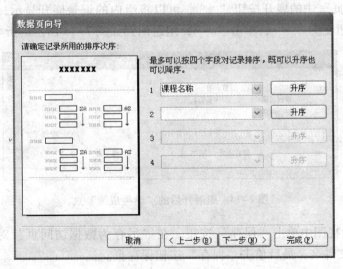

图7-11　确定排序次序

（7）单击"下一步"按钮，在如图7-12所示的界面中输入数据访问页的名称，这里输入"学生成绩"作为其名称。向导中还提供了两个选项，一是"打开数据页"，二是"修改数据页的设计"。这里选择第一个选项，即直接以页面视图的形式打开数据访问页。

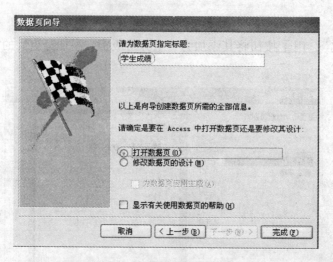

图7-12　为数据页指定标题及其他选项

（8）单击"完成"按钮，显示所创建的数据访问页的页面视图，如图7-13所示。

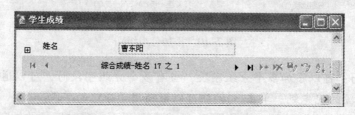

图7-13　页面视图中的"学生成绩"页

（9）单击"页"中的展开按钮"＋"，可以将组内的记录展开显示，如图7-14所示。组展开后展开按钮变为"－"，单击"－"，组返回到如图7-13所示的折叠状态。

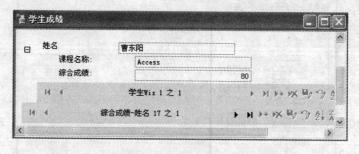

图7-14　组展开后的"学生成绩"页

（10）在设计视图中单击"保存"按钮，在"另存为数据访问页"对话框中为页指定存储的路径以及文件名，最后单击"保存"按钮保存页。

7.3　使用设计器创建数据访问页

同窗体和报表设计视图的功能与特点一样，在数据访问页的设计视图中可以创建功能更丰富、格式更灵活的数据访问页。

【例7-3】 用设计器创建数据访问页显示学生的学号、姓名、家庭住址和邮政编码并将记录按"班级名称"分组。

（1）打开"学生成绩管理系统"数据库，在数据库窗口中，单击对象列表中的"页"对象。

（2）在数据库窗口中双击"在设计视图中创建数据访问页"选项，打开数据访问页的设计视图，如图7-15所示。可以看到数据访问页的设计视图分为两部分：一部分是位于设计视图上部的"单击此处并键入标题文字"标题区；另一部分是设计数据显示区。

图7-15 "数据访问页"设计视图

💡注意：可以看出在"数据访问页"的设计视图中，字段列表的表现方式和前几种对象不同，字段列表中列出数据库中所有可用的表和查询，可直接从中选择需要的字段使用。

（3）单击字段列表中"学生"表前的"＋"按钮，展开"学生"表字段列表，从中选择"学号"、"姓名"、"家庭住址"和"邮政编码"字段，拖放到页面上，创建出与各个字段绑定的文本框控件和附加的标签控件，在设计区的下方，系统自动添加记录导航工具栏，同时在设计区上方的文字自动变成"页眉：学生"。用同样的方法把"班级"表中的"班级名称"字段拖放到"页眉：学生"节，如图7-16所示。

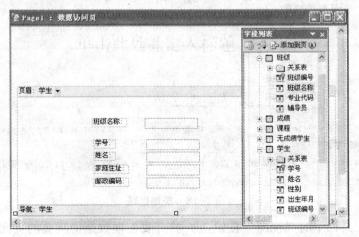

图7-16 拖放需要的字段到页面中

（4）选中"班级名称"文本框，单击工具栏上的"升级"按钮 ，会在"页眉：学生"节之上建立一个"页眉：学生 – 班级名称"节，实现按"班级名称"对记录进行分组，如图 7–17 所示。

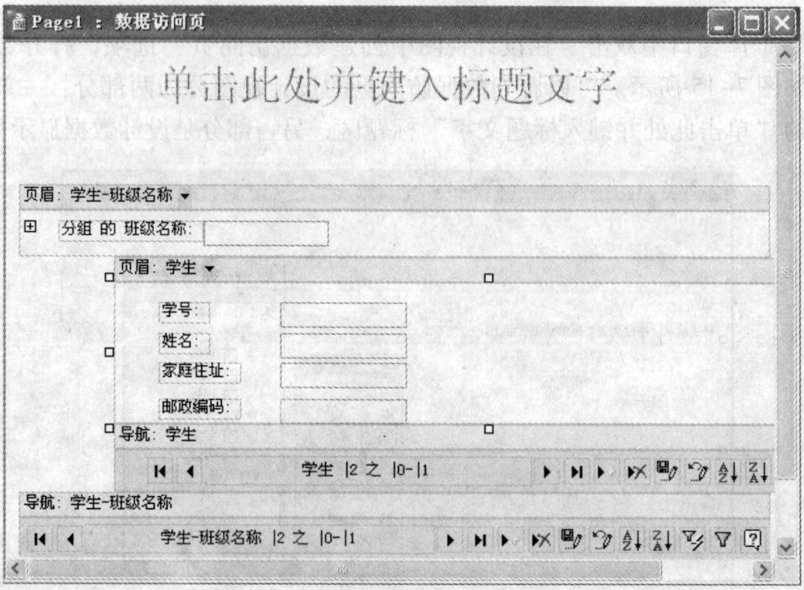

图 7–17　按"班级名称"分组记录

（5）单击设计视图上半部分的提示文字"单击此处并键入标题文字"，则这些文字消失，此区域变成可编辑状态，输入文字"学生通信方式"作为数据访问页的标题，如图 7–18 所示。

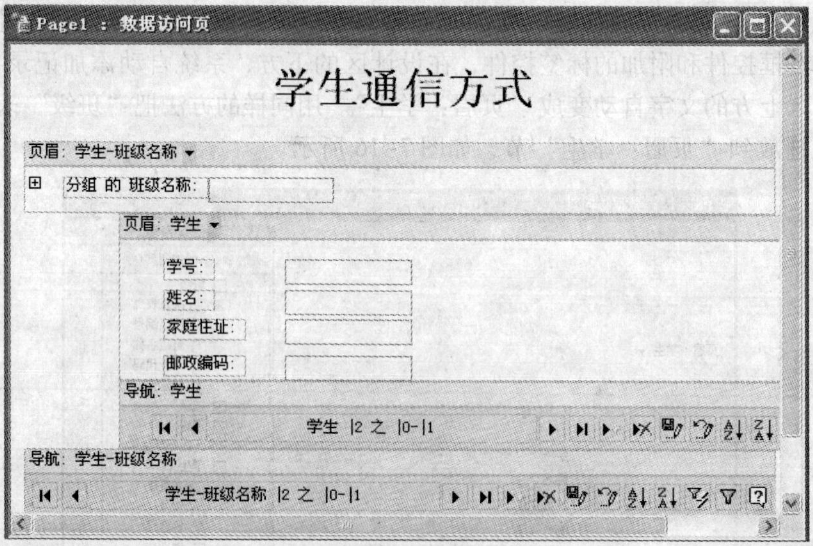

图 7–18　添加标题

（6）单击工具栏中的"视图"按钮 ，打开要创建数据访问页的页面视图窗口，如图 7–19 所示。单击展开按钮"＋"可以查看每个班级学生的详细通信方式，如图 7–20 所示。

166

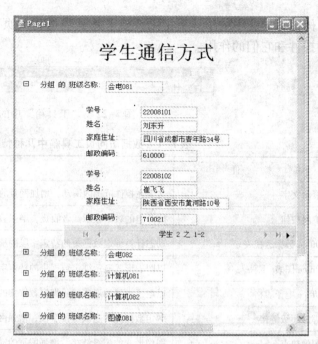

图7-19　数据访问页的页面视图窗口　　　　　图7-20　分组展开后的页面视图窗口

（7）选择"文件"菜单中"保存"命令或单击"保存"按钮，打开"另存为数据访问页"对话框，为文件选定一个保存路径后，在"文件名"文本框中输入"学生通信方式"，单击"保存"按钮即可，如图7-21所示。

图7-21　保存数据访问页

7.4　数据访问页的编辑

1. 添加控件

在数据访问页的设计视图状态下，可以向其中添加控件，以便能进一步增加其功能与表现力。这些控件可借助于"工具箱"中的工具进行设置，如图7-22所示。工具箱与窗体设计模式中的工具箱相比，多了几种数据访问页中专用的控件，表7-1列出了这几种控件和它们的作用。

图7-22 "工具箱"中的工具

表7-1 数据访问页工具箱中几种特别的控件和作用

控　件	作　用
滚动文字	文字在控件范围内滚动，增加网页的活泼性
扩展按钮	使分组的数据显示或者收拢，增强数据显示的条理性
Office 数据透视表	动态计算绑定数据集的特定字段的统计数据并显示，增强网页的统计功能
Office 图表	以图表形式显示绑定数据集的特定字段的统计数据，增强网页的统计功能
Office 电子表格	以电子表格的形式显示绑定数据集的数据，增强网页的统计功能
绑定超级链接	绑定数据库的超级链接字段，增强网页的动态性
图像热点	图像形式的超级链接，增强网页的动态性
影片	播放电影片段，增加网页的活泼性

【例7-4】 编辑在例7-1中建立的"课程"数据访问页，并在其中添加新的控件。

（1）在设计视图中打开"课程"页，如图7-23所示。

（2）添加命令按钮。单击工具箱中"命令"按钮，并在"页"的适当位置单击，则打开命令按钮向导第1步，如图7-24所示。

图7-23 在设计视图中打开页

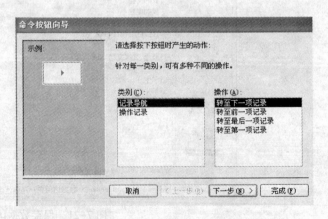

图7-24 命令按钮向导第1步

操作技巧：如果设计窗口中要出现控件向导，必须把"控件向导"按钮激活。

（3）在"类别"列表框中选择"记录导航"，在"操作"列表框中选择"转至下一项记录"，单击"下一步"按钮，打开"命令按钮向导"的第2步界面，在其中单击"文本"单选按钮，并在文本框中输入"下一项记录"，如图7-25所示。

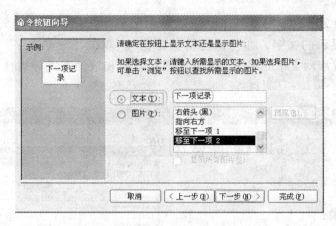

图 7-25　"命令按钮向导"的第 2 步

（4）单击"下一步"按钮，打开"命令按钮向导"的第 3 步界面，为命令按钮命名，这里选择默认名称，如图 7-26 所示。

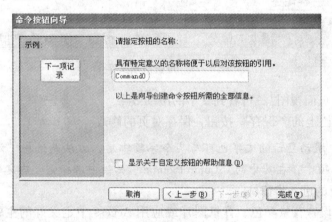

图 7-26　"命令按钮向导"的第 3 步

（5）单击"完成"按钮，在数据访问页中就添加了一个"下一项记录"命令按钮。用同样的方法创建"前一项记录"命令按钮，完成后把数据访问页从"设计视图"切换到"页面视图"，结果如图 7-27 所示。单击这两个命令按钮，可以在不同记录之间移动。

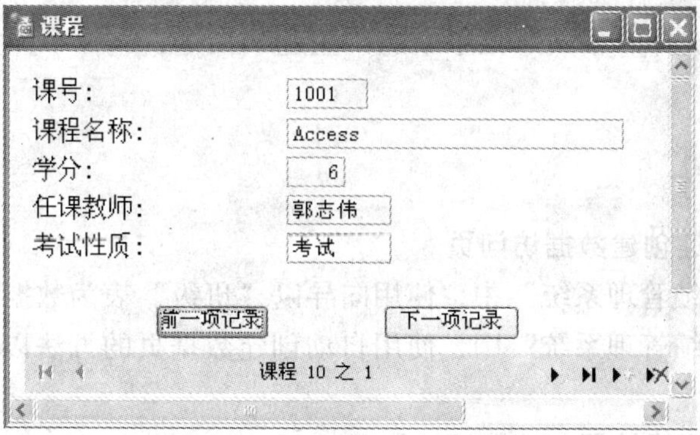

图 7-27　添加了命令按钮的数据访问页

（6）添加滚动文字。单击工具箱中的"滚动文字"按钮 ，在"页"的适当位置单击并输入要滚动显示的文字，如"课程信息浏览"。双击"滚动文字"控件，打开"属性"对话框，设置滚动文字的字体、字号、滚动方向和滚动方式等属性，设置如图7-28所示。

图7-28　设置滚动文字

（7）切换到"页面视图"，可看到文字的滚动效果。

（8）单击工具栏上的"保存"按钮，保存对页的修改。

操作技巧：滚动显示的文字也可与某个字段绑定，方法是选中"滚动文字"属性对话框的"数据"选项卡，在其中的"ControlSource"属性中选择需要绑定的字段。

2. 数据访问页的进一步修饰

对数据访问页设置背景颜色、背景图片或应用 Access 中定义好的主题，可以使数据访问页更加美观，方法如下。

（1）在设计视图中打开要编辑的页。

（2）添加背景颜色。选择"格式"菜单中的"背景"命令，选择一种颜色即可。

（3）添加背景图片。选择"格式"菜单中的"图片"命令，选择一张图片，然后单击"插入"按钮即可。

（4）设置主题。选择"格式"菜单中的"主题"命令，选择一种主题即可。

实训

【实训7-1】　快速创建数据访问页

（1）在"学生成绩管理系统"中，使用向导以"班级"表为数据源创建数据访问页。

（2）在"学生成绩管理系统"中，使用自动创建数据页的方法以"成绩表"为数据源创建数据访问页。

【实训7-2】　使用设计器创建数据访问页

（1）在"学生成绩管理系统"中，以"学生"表为数据源，设计数据访问页，命名为

"各班学生信息"，并按"班级编号"建立分组。

（2）在"各班学生信息"数据访问页中，添加滚动文字"欢迎浏览！"。

思考题

1. 什么是数据访问页？它与静态网页的区别是什么？
2. 使用向导与自动创建数据访问页有什么区别？
3. 数据访问页特有的控件有哪些？它们的主要功能是什么？
4. 数据访问页有哪些视图？作用分别是什么？

第8章 创建和使用宏对象

8.1 宏概述

前面介绍了 Access 数据库中的 5 种基本对象：表、查询、窗体、报表和页，可以发现这些对象虽然具有强大的功能，但它们都是独立存在的。要使各个对象有机结合起来，形成一个完整的系统，只有通过"宏"或"模块"这两个对象才能实现。

8.1.1 宏的功能

宏是指一个或多个操作的集合，其中每个操作能实现一个具体的功能。利用宏可以把多个操作组合起来，按照规定的序列自动执行每个操作，从而实现操作的自动化。例如，图 8-1 就是一个宏，利用这个宏可以先打开一个数据表，再打开一个窗体，然后把窗体最大化。

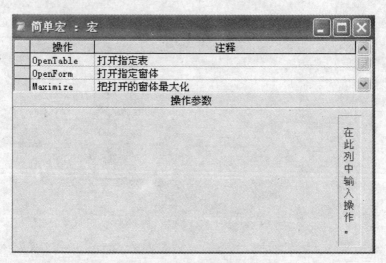

图 8-1 一个简单宏

8.1.2 宏组

在设计一个实际的应用系统时，常常需要设计多个宏。如果将每个宏都作为一个单独的数据库对象并分配一个宏名，当宏的数量很多时，会显得很杂乱，不利于宏的管理。可以将功能相关的宏组织在一起构成一个宏组，方便宏的管理和维护。这和在管理文件时，把相关的文件放在一个文件夹中类似。如图 8-2 所示的"基本信息维护"宏就是一个宏组。

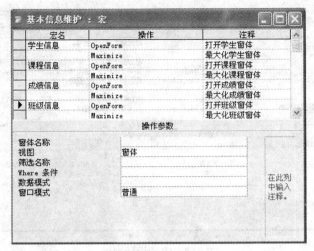

图 8-2 宏组

宏组中的各个宏是以宏名来标识的。例如，图8-2中的宏组中共包含4个宏，分别是"学生信息"宏、"课程信息"宏、"成绩信息"宏和"班级信息"宏。每个宏包含两个操作。

需要注意的是，宏组只是把各个宏在形式上组织在一起，运行时各个宏仍然是独立的。例如，在图8-2的宏中，如果运行"基本信息维护"宏，则只运行其中的第一个宏"学生信息"，而不运行剩余的3个宏。如果想运行宏组中的其他宏，需用"宏组．宏名"的格式调用宏，例如，调用"基本信息维护．课程信息"，则运行宏组中的"课程信息"宏。

8.1.3 条件宏

在某些情况下，可能希望当特定条件为真时才执行宏中的一个或多个操作，这时需要在宏中添加条件，包含条件的宏就称为条件宏。如图8-3所示就是一个条件宏。

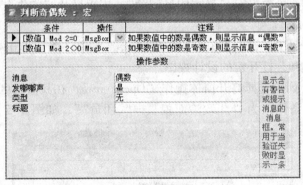

图 8-3 条件宏

8.2 创建宏

8.2.1 宏的视图

与其他数据库对象不同，宏只有一个设计视图，宏的创建、编辑和调试都是在设计视图中进行的。宏的设计视图如图8-4所示。

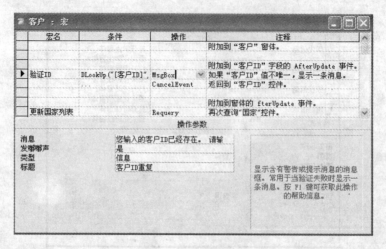

图 8-4 宏的设计视图

宏的设计视图由上下两部分构成。窗口的上半部分是设计网格，由"宏名"、"条件"、"操作"、"注释"4 个列组成。其中"宏名"只在宏组中是必需的，"条件"只在条件宏中是必需的。在刚打开设计视图时，这两列是不显示的，可以在宏的设计视图中通过单击工具栏的"宏名"按钮🞱和"条件"按钮🞱控制这两列是否显示。在"操作"列中可选择一个宏操作，"注释"列中是注释性的文字，对宏的功能没有实质性的影响。

窗口的下半部分的左边是参数区。在"操作"列中选择不同的操作，在参数区设置该操作需要的参数。不同的操作参数不同，如图 8-4 中的窗口的左下部是操作 MsgBox 的参数，右下半部分信息框中显示的是提示信息和帮助。

8.2.2 创建简单宏

【例 8-1】 创建一个简单宏"显示团员记录"，用于打开"学生"窗体，显示所有团员的信息，并最大化窗口。

（1）在数据库窗口中，选中对象列表中的"宏"对象，然后单击数据库窗口工具栏上的"新建"按钮🞱新建(N)，打开宏的设计视图。

（2）在"操作"列中选择打开窗体操作"OpenForm"，在其参数区域设置"窗体名称"为"学生"，"Where 条件"为"［政治面貌］=" 团员""，如图 8-5 所示。

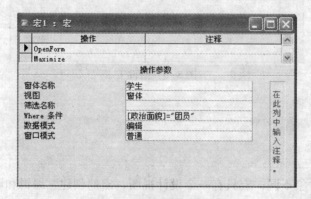

图 8-5 "OpenForm"参数设置

（3）在第 2 行"操作"列中选择操作"Maximize"，此操作默认的是最大化当前激活的窗口，不需要设置参数。

（4）单击工具栏上的"保存"按钮，在"另存为"窗口中为宏起名"显示团员记录"。

（5）单击工具栏上的"运行"按钮　运行宏，则可以打开"学生"窗体显示所有团员记录，并且窗口处于最大化状态。

操作技巧：关闭设计视图后在数据库窗口中双击建立的宏对象，也可以运行一个宏。

8.2.3　创建宏组

【例 8-2】　创建如图 8-2 所示的"基本信息维护"宏组。

（1）在数据库窗口中，选中对象列表中的"宏"对象，然后单击数据库窗口工具栏上的"新建"按钮　新建(N)，打开宏的设计视图。

（2）单击工具栏上的"宏名"按钮，在设计视图中出现"宏名"列。在第 1 行的"宏名"列中输入"学生信息"，在"操作"列中选择"OpenForm"并在其参数窗口中设置"窗体名称"为"学生"，在注释行中输入"打开学生窗体"。

（3）在第 2 行"操作"列中选择操作"Maximize"，并最大化打开的窗体。

（4）依照步骤（2）和（3），依次设置宏组中剩下的 3 个宏。其中"课程信息"宏、"成绩信息"宏、"班级信息"宏的"OpenForm"操作对应的"窗体名称"参数分别设置为"课程"、"成绩"、"班级"。

注意："学生"窗体、"课程"窗体、"成绩"窗体、"班级"窗体是分别以"学生"表、"课程"表、"成绩"表、"班级"表为数据源建立的纵栏式窗体，需要在创建宏前建立。

（5）单击"保存"按钮，在"另存为"对话框中为宏起名为"基本信息维护"，然后保存宏。

8.2.4　创建条件宏

【例 8-3】　创建一个条件宏对整点进行报时。

（1）在数据库窗口中，选中对象列表中的"宏"对象，然后单击数据库窗口工具栏上的"新建"按钮　新建(N)，打开宏的设计视图。

（2）单击工具栏上的"条件"按钮　，使设计视图中出现"条件"列。

（3）在"条件"列输入"Minute（Now（））=0"，在"操作"列选择"MsgBox"操作，在参数区域设置"消息"参数为" ＝" 现在时间" & Hour（Now（））& " 点整""，设置"发嘟嘟声"参数为"是"，设置"类型"参数为"警告!"，设置"标题"参数为"整点提示"。完成后设计视图如图 8-6 所示。

（4）单击工具栏上的"保存"按钮，在"另存为"窗口中为宏起名"整点报时"。

（5）单击工具栏上的"运行"按钮　运行宏，如果系统当前时间的"分"值为 0，则可出现一个提示框，如图 8-7 所示。如果当前时间不是整点，则无任何显示。

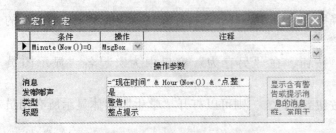

图 8-6　"整点报时"宏设计视图　　　　　　　图 8-7　整点时运行结果

8.3　宏的调试

对于比较复杂的宏，经常会出现一些错误，需要经过调试后宏才可以正确运行。Access 为用户提供了宏的单步执行功能。利用此项功能，用户可以观察宏的流程和每一个操作的结果，以发现和排除错误。

【例 8-4】　打开一个宏进行调试。

（1）在宏的设计视图中打开例 8-1 建立的简单宏。

（2）单击工具栏上的"单步"按钮 （或单击"运行"菜单下的"单步"命令）。

（3）单击工具栏上的"运行"按钮，出现如图 8-8 所示的"单步执行宏"对话框。对话框中列出了宏名、当前要执行的操作的条件、当前要执行的操作的名称和参数。单击"单步执行"按钮，将单步执行显示在对话框中的操作；单击"停止"按钮，将停止执行宏返回对话框；单击"继续"按钮，将关闭单步执行，并连续执行宏的未完成部分。

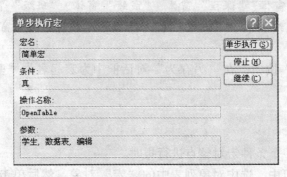

图 8-8　"单步执行宏"对话框

（4）对每个操作单击"单步执行"按钮直到宏执行完，观察每一步的执行结果。

（5）再次单击工具栏上的"单步"按钮 （或单击"运行"菜单中的"单步"命令），可以退出单步执行方式。

注意：如果不退出单步执行方式，在以后运行其他宏时，将仍然以单步执行方式运行。

8.4　宏的编辑

在宏的设计窗口中，可以对宏进行各种编辑操作。

要删除一条宏命令，先把光标定位到该行，然后单击工具栏上的"删除行"按钮，即可删除该行。

要想插入一条宏命令，先把光标定位到插入点下面的一条宏命令中，然后单击工具栏上的"插入行"按钮，即可在原光标所在行的上方插入一条空白行。

要想复制一条宏命令，单击该命令所在行左侧的"选定器"按钮选中该行，然后单击工具栏上的"复制"按钮，再把光标定位到行要复制到的位置，单击工具栏上的"粘贴"按钮。

要想移动一条宏命令，单击该命令所在行左侧的"选定器"按钮选中该行，按住鼠标左键把该命令拖动到目的地后松开鼠标即可。

操作技巧：单击一条命令所在行左侧的"选定器"按钮选中该行，在其上单击鼠标右键，用弹出的快捷菜单中的命令可以完成上述的所有编辑操作。

8.5 宏的调用

从前面介绍可知宏可以单独运行，但宏的单独运行一般只用于测试一个宏。在实际应用中，最常见应用宏的方式是在窗体或报表中调用宏。

【例8-5】 在"学生成绩管理系统"的二级控制面板"基础数据维护"窗体中调用对应的宏。

（1）在窗体的设计视图中打开"基础数据维护"窗体。

（2）选中窗体上的"学生信息"命令按钮，单击工具栏上的"属性"按钮，显示命令按钮属性对话框。

（3）单击属性对话框的"事件"选项卡，单击"单击"属性后的组合框，在其下拉列表中显示了系统中所有可用的宏，在其中选择"基本信息维护.学生信息"，如图8-9所示。

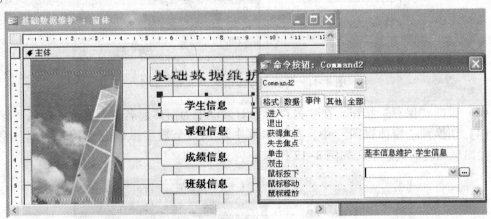

图8-9 设置命令按钮的"单击"属性

（4）单击"保存"按钮保存所做设置。切换到"窗体视图"中，单击"学生信息"按钮，系统会执行宏中定义的操作，自动打开"学生"窗体，并将其最大化。

（5）重复步骤（2）和（3），对窗体中其余3个命令按钮设置"单击"事件属性。在

"课程信息"、"成绩信息"、"班级信息"命令按钮的"单击"事件属性中对应选择"基本信息维护.课程信息"、"基本信息维护.成绩信息"、"基本信息维护.班级信息"。

（6）单击"保存"按钮保存所做设置，切换到"窗体视图"中，单击窗体中的某一项，会打开对应的窗体并将其最大化。

【例8-6】 创建一个窗体，调用如图8-3所示的"条件宏"。

（1）在窗体的设计视图中新建一个窗体，在其中添加一个文本框，将文本框"名称"属性设置为"数值"，如图8-10所示。

💡注意：由于在宏中要通过加方括号的文本框名称来调用该文本框，所以文本框的"名称"属性应和宏中的调用名称一致。

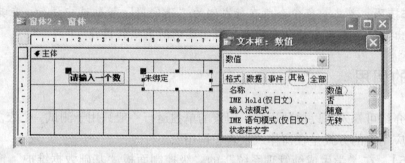

图8-10 设置文本框的"名称"属性

（2）在窗体中添加一个命令按钮，将命令按钮的标题属性设置为"判断奇偶"，然后从命令按钮的"单击"事件属性下拉列表中选择"判断奇偶数"宏，如图8-11所示。

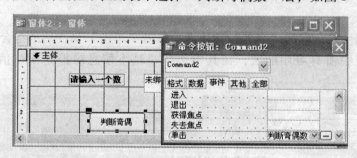

图8-11 设置命令按钮的"单击"属性

（3）单击"保存"按钮，在"另存为"对话框中为窗体起名"判断数的奇偶"保存。

（4）切换到"窗体视图"中，在文本框中输入一个数字，单击"判断奇偶"命令按钮，会出现相应的消息框，如图8-12所示。

图8-12 窗体运行效果

8.6 几种实用宏设计

8.6.1 启动时自动运行的宏——Autoexec

如果希望在打开数据库时自动执行指定的操作，可以建立一个名为"Autoexec"的宏，并把这些操作放在这个宏中。数据库在打开时，如果存在"Autoexec"宏，系统会自动运行它。

合理地使用这个命名为 Autoexec 的特殊宏，可以在打开数据库时执行一个或一系列的操作，包括某些系统初始参数的设定、打开应用系统操作主窗口等。

【例8-7】 设计"Autoexec"宏，使"学生成绩管理系统"打开时自动打开主切换面板。

（1）在数据库窗口中，选中对象列表中的"宏"对象，然后单击数据库窗口工具栏上的"新建"按钮，打开宏的设计视图。

（2）在"操作"列中选择"OpenForm"操作，在其"窗体名称"参数中选择"切换面板"，如图 8-13 所示。

（3）单击"保存"按钮，在"另存为"对话框中为宏起名"Autoexec"，单击"确定"按钮保存宏，如图 8-14 所示。

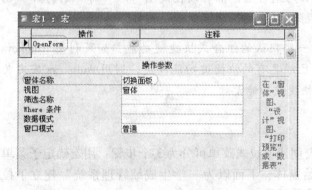

图 8-13　宏设计视图

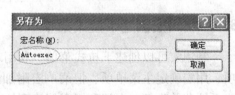

图 8-14　给宏起名"Autoexec"

宏建立好后，下次打开"学生成绩管理系统"时会自动运行"Autoexec"宏，打开系统主切换面板。如果不想在打开数据库时运行该宏，可以在打开数据库时按住〈Shift〉键。

8.6.2 定义快捷键宏——Autokeys

用建立一个名为"Autokeys"的宏组的方法，可以为一个或一组操作的集合定义快捷键。

【例8-8】 设计"Autokeys"宏，为操作定义快捷键。

（1）在数据库窗口中，选中对象列表中的"宏"对象，然后单击数据库窗口工具栏上的"新建"按钮，打开宏的设计视图。

（2）单击工具栏上的"宏名"按钮，使设计视图中出现"宏名"列。

（3）在第 1 行的"宏名"列输入"^a"，"操作"列选择"Beep"操作，在"注释"列中输入"发出嘟嘟声"。在第 2 行的"操作"列中选择打开窗体操作"OpenForm"，在其

"窗体名称"参数中选择"切换面板"。

（4）在第 3 行的"宏名"列输入"^b"，"操作"列选择"Close"操作，在"Close"操作的"对象类型"参数中选择"窗体"，"对象名称"参数中选择"切换面板"，"保存"参数中选择"否"，如图 8-15 所示。

（5）单击"保存"按钮，在"另存为"对话框中为宏起名"Autokeys"，单击"确定"按钮保存宏，如图 8-16 所示。

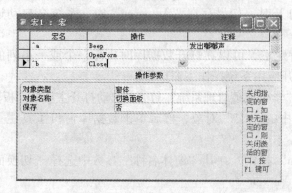

图 8-15　宏设计视图

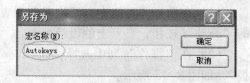

图 8-16　给宏起名为"Autokeys"

在运行该系统的任何时候按〈Ctrl + A〉组合键，都可以在发出一声"嘟"后打开"切换面板"窗体，按〈Ctrl + B〉组合键，都可以关闭"切换面板"窗体。

💡注意：Access 2003 本身已经具有一些默认的组合式快捷键功能，如果利用 Autokeys 宏对象定义的快捷键与 Access 2003 本身已经具有的快捷键功能冲突，则用 Autokeys 宏定义的快捷键功能有效，Access 2003 默认的快捷键功能无效。

8.6.3　用宏创建下拉式菜单

利用宏可以创建下拉式菜单。利用宏创建下拉式菜单可分为 3 个步骤：用宏确定子菜单项、用宏确定主菜单项、把菜单宏附加给窗体，下面以为"学生成绩管理系统"建立下拉式系统菜单为例，介绍利用宏创建下拉式菜单的过程。

1. 用宏确定子菜单项

建立下拉式菜单的第 1 步是为每个主菜单项建立一个宏组，宏组中包含的宏名即是主菜单的下拉子菜单项名，宏名对应的操作即是单击该下拉子菜单项要执行的操作。

例如，"学生成绩管理系统"中有一个主菜单项是"基础数据维护"，其下拉菜单项中有"学生信息"、"成绩信息"、"课程信息"、"班级信息"4 项，单击每一项，打开相应的窗体，所以应建立一个如图 8-2 所示的宏组。

用类似的方法，为其他主菜单项建立对应的宏组，分别命名为"成绩查询菜单项"、"报表预览菜单项"和"退出系统菜单项"。

2. 用宏确定主菜单项

建立下拉式菜单的第 2 步是建立一个菜单宏，把第 1 步中为每个主菜单项建立的宏组合到对应的主菜单中，并确定主菜单项的名称。以"学生成绩管理系统"为例，应建立如图 8-17 所示的"主菜单宏"。

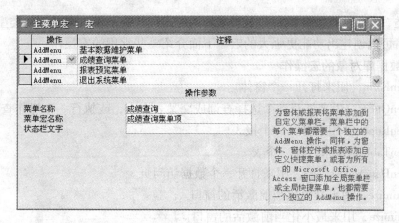

图 8-17　主菜单宏

宏中用到的操作是"AddMenu"，它有 3 个参数，在"菜单名称"中输入文本，作为菜单栏中的菜单名，即主菜单项的名称；在"菜单宏名称"中选择主菜单项对应的宏的名称；在"状态栏文字"中输入文本作为用户选择此菜单时，任务栏上出现的文本。图 8-17 中显示的参数是添加"成绩查询"菜单的参数设置，在该设置下该项主菜单的名称是"成绩查询"，对应的菜单宏是在第 1 步中建立的"成绩查询菜单项"宏。

3. 把菜单宏附加给窗体

通过上面两步，已经完成了主菜单项、子菜单项以及子菜单项对应的操作的设计。要想在打开某个窗体时激活菜单，需要把菜单宏附加给窗体。

【例 8-9】　将"主菜单宏"附加给"欢迎界面"窗体。

（1）在窗体的设计视图中打开"欢迎界面"窗体。

（2）在窗体属性的"其他"选项卡下设置"菜单栏"属性为在第 2 步中建立的宏"主菜单宏"，如图 8-18 所示。

（3）关闭属性窗口，转换到"窗体视图"，在窗口上方会显示菜单栏，如图 8-19 所示。单击主菜单项可出现对应子菜单项，单击子菜单项会执行相应操作。

图 8-18　把菜单宏附加给窗体

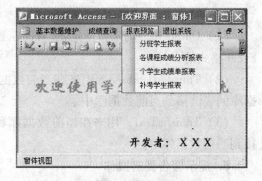

图 8-19　具有菜单栏的窗体

8.7　常用宏操作

Access 2003 中提供了 50 多种宏操作。根据宏操作对象的不同，可以分为 6 大类：操纵数据库对象类、操作数据类、执行命令类、导入导出类、提示警告类及其他类型。灵活应用这些宏操作，可以创建出功能更强大的宏。下面介绍一些常用的宏操作。

1. 操纵数据库对象的宏操作

（1）OpenForm，用来打开一个窗体。

（2）OpenQuery，用来打开一个选择查询或交叉表查询，或执行一个操作查询。

（3）OpenReport，用来打开一个报表。

（4）OpenTable，用来打开一个表。

（5）OpenDataAccessPage，用来打开一个数据访问页。

（6）Maximize，用来最大化当前激活的窗口。

（7）Minimize，用来最小化当前激活的窗口。

（8）Restore，用来将已经最大化或最小化的窗口恢复为原来的大小。

（9）Close，用来关闭指定的窗口。

2. 操纵数据的宏操作

（1）ApplyFilter，用来对表、窗体或报表应用筛选、查询或 SQL Where 子句。

（2）FindRecord，用来在激活的窗体或数据表中查找符合条件的第一条或下一条记录。

（3）FindNext，用来查找下一个符合前一个 FindRecord 操作或"查找和替换"对话框中指定条件的记录。

（4）GoToRecord，用来使指定的记录成为打开的表、窗体或查询结果中的当前记录。

3. 执行命令的宏操作

（1）RunApp，用来启动另一个 Microsoft Windows 或 MS－DOS 应用程序，如 Word。

（2）RunSQL，用来执行指定的 SQL 语句。

（3）RunMacro，用来执行一个宏，可用此操作在一个宏中调用另外一个宏。

（4）StopMacro，用来终止当前正在运行的宏。

（5）StopAllMacros，用来终止所有正在运行的宏。

（6）SetValue，用来为窗体、窗体数据表或报表上的字段、控件或属性设置值。

4. 导入导出类宏操作

（1）OutputTo，用来将指定的 Access 数据库对象中的数据输出为其他格式的文件，如 Excel 格式的文件。

（2）TransferDatabase，用来在当前数据库和其他数据库之间导入导出数据，或将其他数据库的表链接到当前数据库中。

（3）TransferText，用来在当前数据库和文本文件之间导入导出数据，或将文本文件链接到当前数据库中。

5. 提示警告类宏操作

（1）Beep，用来使计算机发出嘟嘟声。

（2）MsgBox，用来显示警告或提示消息的消息框。

（3）SetWarnings，用来关闭或打开所有的系统消息，将其参数设置为"否"可防止警告或消息框停止宏运行。

（4）Hourglass，用来当宏执行时，将光标显示为沙漏形状。

6. 其他类型的宏操作

（1）GoToControl，用来将焦点移到激活的数据表或窗体指定的字段或控件上。

（2）Quit，用来退出 Access。

实训

【实训 8-1】　用宏创建下拉式菜单

依照 8.6.3 节中的内容，完成"学生成绩管理系统"中下拉式菜单的建立。

【实训 8-2】　创建快捷键宏

建立快捷键宏，实现按〈Ctrl + X〉组合键打开学生表，按〈Ctrl + C〉组合键打开成绩表，按〈Ctrl + B〉组合键打开班级表，按〈Ctrl + K〉组合键打开课程表。

【实训 8-3】　为"图书管理系统"设计相关宏

（1）在实训 5-4 中建立的"学生借阅"窗体上添加一个命令按钮，结合宏实现下述功能：单击命令按钮，在"学生借阅信息表"中插入一个新的借阅记录，同时在"图书表"中把书的现存量减 1。

（2）创建自动运行宏，在打开"图书管理系统"时自动打开在实训 5-4 中建立的切换面板。

（3）依照前面实训中实现学生借阅管理的方法，实现教师借阅的管理，用宏将系统的功能综合在一起。

思考题

1. 宏的概念及作用是什么？
2. 自动运行宏和创建快捷键宏的宏名称分别是什么？
3. 如何调试和运行宏？
4. 如果在一个宏中运行另外一个宏，应怎样实现？
5. 创建下拉式菜单分为哪几步？各步的作用是什么？

第9章 模块的设计

9.1 模块的基本知识

9.1.1 模块的定义和作用

熟练使用 Access 中的宏之后会发现，虽然宏很好用，但它提供的操作有限，并且用户不能根据自己的需要自定义一些函数，也不能在应用宏时使用动态的参数。因此当需要进行一些实现特定功能的复杂操作时，宏就不再适用了，而这个宏无法胜任的工作，可由模块来完成。

模块是 Access 数据库的一个重要对象。一个模块由一个或多个过程组成，每个过程实现各自特定的功能，利用模块可以将各种数据库对象连接起来，构成一个完整的系统。

9.1.2 模块的类型

模块有两个基本类型：类模块和标准模块。

1. 类模块

Access 中的类模块是一种包含对象的模块，它可以独立存在，也可以依附于某一窗体或报表而存在。类模块中典型的例子是窗体类模块或报表类模块，该类模块与某一窗体或报表相关联，在这些模块中通常都含有事件过程模板，如果在事件过程模板中添加程序代码，当窗体或报表及它们所包含的控件发生相应的事件时，就自动执行这些程序代码，通过事件过程来控制窗体或报表的行为，以及它们对用户操作的响应。

2. 标准模块

在标准模块中定义允许其他模块访问的过程和声明，这些过程不与任何 Access 中的对象相关联，使用标准模块，可以定义供所有窗体和事件共享的变量和过程。

9.1.3 过程

过程是由 Visual Basic 代码组成的单元。它包含一系列的语句和方法，以执行特定的操作。过程有以下两种类型。

1. sub 过程

Sub 过程也称为子程序，用来执行一系列的操作，没有返回值，它的定义格式如下。

```
［Public|Private|Friend］［Static］Sub 过程名(［参数列表］)
        ［过程代码］
End Sub
```

其中的过程代码表示要完成的一系列操作。

调用 sub 过程时可以直接引用过程的名称，也可以在过程名称之前加上关键字 Call。

2. Function 过程

Function 过程也称为函数，执行结果会返回一个值，它的格式如下。

［Public｜Private｜Friend］［Static］Function 过程名（［参数列表］）［ as 返回值类型］
　　　　［过程代码］

End Function

调用 Function 过程时，直接引用过程的名称。

9.2 面向对象程序设计概述

面向对象程序设计是一种以对象为基础，以事件来驱动对象的程序设计方法。要学会面向对象的程序设计方法，必须有对象、属性、方法、事件的概念。

9.2.1 对象、类和对象名

客观世界的任何实体都可以看做是对象，对象可以是具体的物，也可以指某些概念。在开发一个应用程序时，必须先建立各种对象，然后围绕对象进行程序设计。Access 中表、查询、窗体、报表、页、宏、模块等都是对象，字段、窗体和报表中的控件也是对象。

具有相同属性和方法的对象就组成了类，例如，在窗体或报表设计视图窗口中，工具箱中的每个控件就是一个类，而在窗体或报表中创建的具体控件则是这个类的对象。

每个对象均有一个名称，称为对象名。对象名的命名规则和字段、控件的命名规则类似，其长度不能超过 64 个字符，可以包含字母、空格、数字和特殊字符，但不能以空格开头。

9.2.2 对象的属性

属性用来描述对象的特征，表示对象的状态，如文本框控件对象中的"名称"属性、"字体"属性等。

每一种对象都有一些特定的属性，这在对象的属性窗口中可以看到。不同的对象有不同的属性也有相同的属性，每个属性都有一个默认值，在不对它重新设置的情况下，应用程序就使用该默认值。

9.2.3 对象的方法

方法是要改变对象的当前状态，用来描述对象的行为。例如，将光标插入点移入某个文本框内，在程序中就需要使用 SetFocus 方法。

💡注意：对象的方法不会显示在属性窗口中，只可显示在程序中。

9.2.4 对象的事件和事件过程

事件是 Access 定义好的，可以被窗体、报表及其上的控件等对象识别的动作。例如，单击、双击、打开窗体或报表等。Access 数据库系统中，可以通过两种方式来处理事件响应。一是使用宏来设置事件属性；二是为某个事件编写 VBA 代码过程，完成指定动作，这种代码过程称为事件过程或事件响应代码。

Access 的事件有很多，一些主要对象的事件见表 9-1。

表 9-1　主要对象事件

对　　象	事件动作	动作说明
窗体	Onload	窗体加载时发生
	OnUnload	窗体卸载时发生
	OnOpen	窗体打开时发生
	OnClose	窗体关闭时发生
	OnClick	窗体单击时发生
	OnDblClick	窗体双击时发生
	OnMouseDown	窗体鼠标按下时发生
	OnKeyPress	窗体上键盘按键时发生
	OnKeyDown	窗体上键盘按下键时发生
报表	OnOpen	报表打开时发生
	OnClose	报表关闭时发生
命令按钮控件	OnClick	按钮单击时发生
	OnDblClick	按钮双击时发生
	OnEnter	按钮获得输入焦点前发生
	OnGetFocus	按钮获得输入焦点时发生
	OnMouseDown	按钮上鼠标按下时发生
	OnKeyPress	按钮上键盘按键时发生
	OnKeyDown	按钮上键盘按下键时发生
标签控件	OnClick	标签单击时发生
	OnDblClick	标签双击时发生
	OnMouseDown	标签上鼠标按下时发生
文本框控件	BeforeUpdate	文本框内容更新前发生
	AfterUpdate	文本框内容更新后发生
	OnEnter	文本框获得输入焦点前发生
	OnGetFocus	文本框获得输入焦点时发生
	OnLostFocus	文本框失去输入焦点时发生
	OnChange	文本框内容更新时发生
	OnKeyPress	本本框内键盘按键时发生
	OnMouseDown	文本框内鼠标按下时发生
组合框控件	BeforeUpdate	组合框内容更新前发生
	AfterUpdate	组合框内容更新后发生
	OnEnter	组合框获得输入焦点前发生
	OnGetFocus	组合框获得输入焦点时发生
	OnLostFocus	组合框失去输入焦点时发生
	OnClick	组合框单击时发生
	OnDblClick	组合框双击时发生
	OnKeyPress	组合框上键盘按键时发生

（续）

对　　象	事件动作	动作说明
选项组控件	BeforeUpdate	选项组内容更新前发生
	AfterUpdate	选项组内容更新后发生
	OnEnter	选项组获得输入焦点前发生
	OnClick	选项组单击时发生
	OnDblClick	选项组双击时发生
	OnKeyPress	选项组上键盘按键时发生
单选按钮控件	OnKeyPress	单选按钮内键盘按键时发生
	OnGetFocus	单选按钮获得输入焦点时发生
	OnLostFocus	单选按钮失去输入焦点时发生
复选框按钮	BeforeUpdate	复选框内容更新前发生
	AfterUpdate	复选框内容更新后发生
	OnEnter	复选框获得输入焦点前发生
	OnClick	复选框单击时发生
	OnDblClick	复选框双击时发生
	OnGetFocus	复选框获得输入焦点时发生

9.3　VBA 基础

9.3.1　VBA 概述

　　VB（Visual Basic）是一种面向对象程序设计语言，微软公司将其引用到其他常用的应用程序中。例如，在 Office 的成员 Word、Excel、Powerpoint、Access、Outlook 中，这种夹在应用程序中的 VB 版本称之为 VBA（Visual Basic for Applications）。VBA 是 VB 的子集。用 VBA 语言编写的代码，将保存在 Access 的一个模块中，并通过类似在窗体中激发宏的操作来启动这个模块，从而实现相应的功能。

　　模块和宏的使用方法基本相同。在 Access 中，宏也可以存储为模块，宏的每个基本操作在 VBA 中都有相应的等效语句，使用这些语句就可以实现所有单独的宏命令，所以 VBA 的功能是非常强大的。要用 Access 来完成一个实际的应用系统，就应该掌握 VBA。

9.3.2　VBA 编程环境

　　VBA 的编程环境即 VBE（Visual Basic Editor），熟悉它对用户编写、运行和调试程序有很大的帮助。

1. 进入程序编辑器 VBE

　　进入程序编辑器 VBE 的方法有很多种，常用的有以下两种。

　　（1）利用模块对象进入 VBE。在数据库窗口的对象列表中选择"模块"对象，单击数据库窗口工具栏上的"新建"按钮 新建(N)，则可进入 VBE 新建一个模块；如果有一个已经存在的模块对象，双击此对象可进入 VBE 查看此模块的代码。

（2）利用窗体或报表进入 VBE。在数据库窗口中选中一个已经存在的窗体或报表对象，单击工具栏上的"代码"按钮 ，即可在 VBE 中打开该窗体或报表对象对应的模块。

打开后的 VBE 界面如图 9-1 所示。

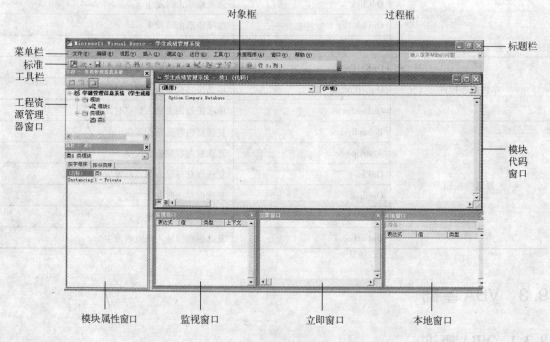

图 9-1　VBE 操作界面

操作技巧：要从 VBE 转换到 Access 数据库窗口设计视图中，可执行"视图"菜单中的"Microsoft Office Access"命令或单击工具栏上的 按钮。

2. VBE 操作界面

图 9-1 显示的是一个标准的 VBE 操作界面，它主要由模块代码窗口、工程资源管理器窗口、模块属性窗口以及其他一些调试程序所用的窗口组成。

模块代码窗口用来输入模块内部的程序代码；工程资源管理器窗口用来显示这个数据库中的所有的模块。当用鼠标双击这个窗口内的一个模块选项时，就会在模块代码窗口上显示出这个模块的 VBA 程序代码，而模块属性窗口上就可以显示当前选定的模块所具有的各种属性。

所有的 VBA 程序都是写在模块代码窗口中的。在 VBA 中，由于在编写代码的过程中会出现各种各样的问题，所以编写的代码很难一次性通过，也就很难正确地实现既定功能。这时就需要一个专门的调试工具，帮助快速找到程序中的问题，以便消除代码中的错误。在 VBA 的编程环境中，本地窗口、立即窗口和监视窗口就是专门用来调试 VBA 的，这 3 个窗口在 VBA 环境中菜单栏的"视图"菜单中可以找到，对 VBA 程序的调试大部分都是在这 3 个窗口中进行的。

9.4 VBA 程序设计基础

9.4.1 数据类型、常量及变量

1. 数据类型

VBA 的数据类型有 13 种, 见表 9-2。其中, 每种数据类型的数据在存储时所占的存储空间和处理时能够进行的运算都是不同的。

表 9-2　VBA 的数据类型

数据类型	存储字节	范　　围
Byte（字节型）	1	0 ~ 255
Boolean（布尔型）	2	True 或 False
Integer（整型）	2	- 32768 ~ 32768
Long（长整型）	4	- 2147483648 ~ 2147483648
Single（单精度型）	4	负数: - 3.402823E38 ~ 1.401298E - 45 正数: 1.401298E - 45 ~ 3.402823E38
Double（双精度型）	8	负数: - 1.79769313486232E308 ~ - 4.94065645841247E - 324 正数: 4.94065645841247E - 324 ~ 1.79769313486232E308
Decimal（小数型）	12	与小数点右边的数字个数有关
Currency（货币型）	8	- 922337203685 447.5808 ~ 922337203685 447.5807
Date（日期型）	8	100 年 1 月 1 日 ~ 9999 年 12 月 31 日
String（字符型）	与字符串字长有关	定长: 1 ~ 65400; 变长: 0 ~ 20 亿
Object（对象型）	4	任何对象引用
Variant（变体型）	与具体数据类型有关	每个元素数据类型的范围
自定义型	各元素所需字节之和	

2. 常量

常量是指在程序中可以直接引用的实际值, 其值在程序运行过程中不能改变。VBA 有 4 种常量: 直接常量、符号常量、内部常量和系统常量。

（1）直接常量。直接常量就是平常所说的常数, 如数值型常量 5、13、- 1.47, 字符型常量 "class"、"班级管理", 日期型常量#10/07/21#。

（2）符号常量。如果在一个程序中经常要使用某个量, 而这个量又是很大的数字或很长的字符串, 则用一个符号代替此量比较方便, 这种用符号名表示的常量称为符号常量。定义符号常量的语句格式为:

Const 常量名 [As 类型] = 表达式

语句中若省略类型项，则数据的类型由表达式决定。

例如，语句"Const Pi = 3.1415926"的作用是用 Const 声明符号常量 Pi，以后在程序中出现的 Pi 就代表 3.1415926。

💡**注意**：由于 Pi 是常量，在其后的程序代码中只能被引用，不能重新改变其值，如果想试图用语句"Pi = 3.14"给 Pi 赋值，则会出现错误。

（3）内部常量。Access 2003 声明了许多内部常量，并且可以使用 VBA 常量和 ADO 常量。内部常量以两个前缀字母指明了定义了该常量的对象库。来自 Access 库的常量以 ac 开头，来自 ADO 库的常量以 ad 开头，而来自 VB 库的常量则以 vb 开头，如 acForm、adAddNew、vbCurrency。

（4）系统常量。系统常量是系统预先定义好的，用户可以直接引用。系统定义的常量有 7 个：True、False、Null、Yes、No、On、Off。

3. 变量

变量是用于存储程序执行过程中产生的中间结果、最终输出结果的临时存储区域，其值在程序运行中可以改变。

（1）变量的命名规则。每个变量都应该有一个名字，其名字由用户命名。变量的命名规则如下。

① 变量名必须是以字母开头，并由字母、数字和下划线组成的字符串，字母不区分大小写，长度不能超过 255 个字符。

② 变量名中的最后一个字符可以是 %、&、!、#、$ 等表示数据类型的声明符，但变量名中不能含有小数点、空格等字符。

③ 不能使用 VBA 的保留字作为变量名。VBA 的保留字是指 VBA 已定义的语句、函数名和运算符名。

常量的命名规则与变量名的命名规则相同。

例如，C1、b$、student 等是合法的变量名，而 student.b（含小数点）、my class（含空格）、3ab（数字开头）、Dim（系统保留字）等是不合法变量名。

（2）变量的声明和赋值。变量存放的只能是一个数据，向变量中存放数据的操作称为赋值。变量的赋值可以进行多次，但每进行一次赋值操作，系统都会用新数据替代变量中的原有数据，因此变量的值是最后一次存放的数据。

用 Dim、Public 或 Private 语句声明变量，举例如下。

```
Dim xm as string     '声明一个名为 xm 的字符串变量
xm = "张三"          '给 xm 赋值
```

（3）变量的作用域。用 Dim 或 Private 声明的变量是局部变量，其作用域限定于所属的子程序范围，或者是其所属的模块范围。

用 Public 声明的变量是全局变量，其作用域是数据库中的所有模块。

9.4.2 VBA 程序语句书写规则

VBA 程序语句有如下书写规则。

（1）一行写一条语句。若需要在一行内写多条语句时，语句之间用"："分隔，但一行内不能超过 1023 个字符。

（2）如果一条语句过长需要写在不同行时，可在行尾处使用续行符（续行符由一个空格和一个下画线"_"组成）将长语句分成多行。

（3）每行上的语句都可以从任意列开始书写，通常采取缩进格式以提高程序的可读性。

（4）语句不区分大小写字母。

（5）在程序中的适当位置加上注释语句有利于程序的维护与阅读。格式是在注释内容前加 Rem 或英文的单引号"'"。

9.4.3 VBA 流程控制语句

和其他计算机程序的结构一样，VBA 的语言结构也有 3 种：顺序结构、分支结构和循环结构。顺序结构中程序按语句的书写顺序执行；分支结构中根据给定的条件进行判断，由判断结果来确定执行哪个分支；循环结构中，在规定条件成立时，重复执行某程序段。下面介绍 VBA 中的分支结构语句和循环结构语句。

·1. 分支结构语句

VBA 提供了如下几种分支语句。

（1）简单分支语句 If…Then。

简单分支结构的语句格式有两种。

> 语句格式 1：
> If 条件表达式 Then 语句
> 语句格式 2：
> If 条件表达式 Then
> 语句块
> End if

简单分支语句测试指定的条件，如果条件为真，则执行 then 后面的语句。

💡注意：如果条件为真时只执行一条语句，则可用格式 1 提供的单行格式，不用写 End if。如果条件为真时要执行多条语句，则使用格式 2 提供的多行格式。

【例 9-1】 编写一段程序，判断输入的数是否为偶数。

程序代码如下。

```
Private Sub Command0_Click()
        Dim num As Integer
        num = Val(InputBox("请输入一个整数"))
        If num mod 2 = 0 Then
            MsgBox ("是偶数")
        End If
End Sub
```

（2）选择分支语句 If…Then…Else。

语句格式如下。

```
If 条件表达式 Then
语句块 1
    Else
语句块 2
    End if
```

选择分支语句测试指定的条件，如果条件为真，则执行 Then 后面的语句段，如果条件为假，执行 Else 后的语句段。

【例 9-2】 编写一段程序对输入数进行奇偶判断，如果是偶数，则输出"偶数"，如果不是偶数，则输出奇数。

程序代码如下。

```
Private Sub Command1_Click( )
    Dim num As Integer
    num = Val(InputBox("请输入一个整数"))
    If num mod 2 = 0 Then
    MsgBox ("偶数")
    Else
        MsgBox ("奇数")
    End If
End Sub
```

（3）多重选择分支语句 If…Then…Elseif。

语句格式如下。

```
If 条件表达式 1 Then
    语句块 1
[Elseif 条件表达式 2 Then
    语句块 2]
…
[Elseif 条件表达式 n Then
    语句块 n]
[Else
    语句块]
    End if
```

多重选择分支语句测试每个指定的条件，如果条件为真，则执行本条件 then 后面的语句段，如果所有条件都不为真，则执行最后一个 Else 后的语句块。

【例 9-3】 编写一段程序对输入的学生分数进行判断，如果分数大于等于 0 及小于 60，则输出"不及格"，如果大于等于 60 分小于等于 100 分，则输出"及格"，如果输入其他数值，则输出"输入数据错误"。

程序代码如下。

```
Private Sub Command2_Click( )
    Dim score As Integer
```

```
score  =  Val( InputBox( "请输入学生成绩" ) )
If score  >  =  60 And score <  = 100 Then
    MsgBox ( "及格" )
ElseIf score  >  =  0 And score < 60 Then
    MsgBox ( "不及格" )
Else
    MsgBox ( "输入数据错误" )
End If
End Sub
```

（4）多重分支语句 Select Case。

语句格式如下。

```
Select Case 表达式
Case 表达式值列表 1
    语句块 1
[ Case 表达式值列表 2
    语句块 2 ]
    …
[ Case 表达式值列表 n
    语句块 n ]
Case    else
    语句块
End    select
```

多重分支语句先计算表达式的值，然后将计算值和每个 Case 后的值比较，若相等，就执行该 Case 下的语句块。每个 Case 的值可以是一个或几个值的列表。如果不止一个 Case 与测试表达式相匹配，则只执行第一个匹配的 Case 下的语句块，如果没有一个值与测试表达式相匹配，则执行 Case else 下的语句块。

【例9-4】 编写一段程序，根据商品的数量求得相应的折扣。

程序代码如下。

```
Private Sub Command3_Click( )
Dim 数量 As Integer, 折扣 As Single
数量  = InputBox( "请输入商品数量" )
Select Case 数量
    Case 1
        折扣  = 0. 95
    Case 2, 3
        折扣  = 0. 9
    Case 4 To 7
        折扣  = 0. 85
    Case Is  >  = 8
        折扣  = 0. 8
```

```
           Case else
               折扣 = 0
        End select
               MsgBox（"数量为"）& 数量
               MsgBox（"折扣为"）& 折扣
        End Sub
```

2. 循环结构语句

VBA 提供了如下几种循环结构语句。

（1）前测型循环语句。语句格式如下。

```
        Do  while | until  条件表达式
            循环体语句组
        Loop
```

前测型循环语句先判断条件表达式再执行循环体，其中 while 语句是在条件表达式为真的条件下继续进行，而 until 语句是在条件表达式为真时自动结束循环。

（2）后测型循环语句。语句格式如下。

```
        Do
            循环体语句组
        Loop   while | until   条件表达式
```

后测型循环语句将表达式置于循环体之后，不论表达式真假与否，循环体都至少要执行一次。

【例9-5】 编写一段程序，计算阶乘小于 10000 的最大整数。

程序代码如下。

```
        Private Sub Command4_Click( )
            Dim s As Long, n As Integer
            s = 1 : n = 1
            Do
              s = s * n
              n = n + 1
            Loop Until s > = 10000
            MsgBox（"阶乘小于 10000 的最大整数是"）& n – 1
        End Sub
```

9.5　模块的创建

9.5.1　创建标准模块

【例9-6】 在"学生成绩管理系统"数据库中，创建一个标准模块，并在窗体中调用模块中定义的过程。

（1）打开数据库文件，在数据库窗口对象列表中选择"模块"对象，如图 9-2 所示。

（2）单击按钮 新建(N)，进入 VBE 环境。单击"插入"菜单中的"过程"命令，在打开的"添加过程"对话框中选择过程类型为"子程序"，范围为"公共的"，并为过程起名"矩形面积"，如图 9-3 所示。

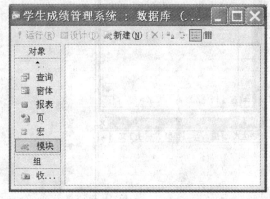

图 9-2　在数据库窗口中选择"模块"

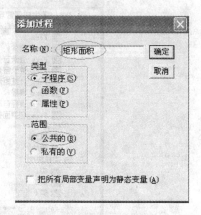

图 9-3　添加过程

（3）单击"确定"按钮，在模块代码窗口中输入代码，如图 9-4 所示。

（4）单击"保存"按钮，保存模块为"模块 2"。

（5）在窗体的设计视图中打开"计算矩形面积"窗体，打开窗体属性窗口。

（6）在"事件"选项卡中选择"加载"事件，进入代码窗口并设计代码，如图 9-5 所示。

图 9-4　过程"矩形面积"的代码

图 9-5　调用过程的代码

（7）在窗体视图下打开"计算矩形面积"窗体，会看到先运行"模块 2"中的"矩形面积"过程。

9.5.2　创建类模块

可创建和窗体和报表无关的类模块，方法是在数据库窗口下选择"插入"菜单中"类模块"，进入 VBE 环境，和创建标准模块类似，将所需的声明、语句和过程等添加至模块中保存，即可创建类模块。

窗体和报表模块也是类模块，创建和窗体或报表相关的类模块的方法是在资源管理器中双击窗口的名称，然后在弹出的模块代码窗口中输入代码，如图 9-6 所示。

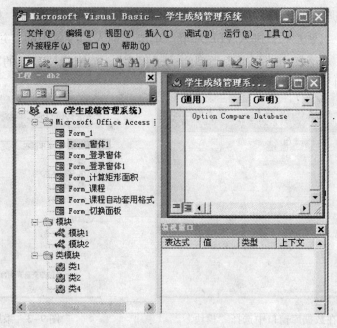

图 9-6　创建和窗体相关的模块

9.6　宏转换为 VBA 代码

在 Access 中，还可以将宏转换为 VBA 的事件过程或模块，其执行结果与宏操作的结果相同。

【例 9-7】　将宏"简单宏"转换为代码。

（1）选中要转换为 VBA 代码的宏对象。

（2）单击"工具"菜单下"宏"子菜单中的"将宏转换为 Visual Basic"命令，弹出如图 9-7 所示的"转换宏：简单宏"对话框。

（3）单击"转换"按钮，在如图 9-8 所示的提示对话框中单击"确定"按钮，即可完成宏到 Visual Basic 代码的转换。转换后可在 VBE 的"工程资源管理器"中看到模块名"被转换的宏——简单宏"，双击可在代码窗口查看其代码。

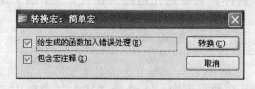

图 9-7　"转换宏：简单宏"对话框

图 9-8　提示对话框

9.7　窗体编程应用

窗体是一个应用系统和用户交互的基本平台，一个数据库应用程序中用户的大部分操作都在窗体中完成。一个实用的窗体的很多功能都需要通过对窗体中的对象编写事件过程代码实现，下面通过一个实例了解窗体编程的方法和应用。在本书的最后一章，会有更多的窗体编程实例。

【例9-8】 在"学生成绩管理系统"中建立一张"用户表"，结构见表9-3，在表中输入几条记录，然后建立一个登录窗体，利用"用户表"中的用户信息控制用户的登录。

表9-3 "用户表"结构

字段名称	用户ID	用户名	密码
数据类型	自动编号	文本	文本
说明	主键	长度为10	长度为10

（1）按照表9-3所示结构要求建立"用户表"。

（2）建立登录窗体界面，如图9-9所示。窗体中各个控件的名称和窗体上控件的对应关系见表9-4。

表9-4 控件名称和控件对应关系

控件名称	Text0	Text2	Command4	Command5
控件	标签"用户名"对应的文本框	标签"密码"对应的文本框	"登录"按钮	"退出"按钮

（3）打开控件Text2的属性窗口，在"数据"选项卡下设置其"输入掩码"属性为"密码"。这样可以使得在输入数据时，每个字符以一个"*"显示。

（4）选中"登录"按钮，在其属性窗口的"事件"选项卡下将光标移入"单击"属性中，然后单击属性后的"生成器"按钮，出现如图9-10所示的"选择生成器"对话框，在其中选择"代码生成器"，单击"确定"按钮后进入VBE，光标定位在"登录"按钮对应的单击事件过程中。

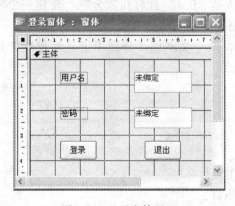

图9-9 登录窗体界面

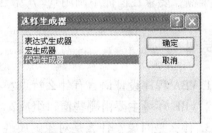

图9-10 选择生成器

（5）在窗口中为Command4的单击事件过程输入代码。

（6）在VBE窗口的对象框中选择"Command5"，在过程框中选择"click"，在窗口中为Command5的单击事件过程输入代码。

（7）在VBE窗口的对象框中选择"Form"，在过程框中选择"Load"，在窗口中为窗体的加载事件过程输入代码。以上3段代码输入后的代码窗口如图9-11所示。

```
Option Compare Database

Private Sub Command4_Click()
    Dim rs As New ADODB.Recordset
    Dim ss As String
    ss = "select * from 用户表 where 用户名='" & Me.Text0 & "'"  '定义SQL查询语句字符串
    rs.Open ss, CurrentProject.Connection, adOpenStatic, adLockReadOnly '执行SQL查询语句
    If rs.RecordCount <> 0 Then  '如果有此用户名
        If rs.Fields("密码") = Me.Text2 Then  '如果密码正确
            DoCmd.OpenForm "切换面板"  '打开主切换面板窗体
        Else
            Static c As Integer
            c = c + 1
            If c >= 3 Then  '共3次输入密码的机会
                MsgBox "对不起，你输入的密码错误!!", vbCritical
                DoCmd.Close
            Else
                MsgBox "密码错误，你还有" & str(3 - c) & "次机会！！", vbCritical
            End If
        End If
    Else
        MsgBox "没有这个用户！", vbCritical
        DoCmd.Close
    End If
End Sub
Private Sub Command5_Click()
DoCmd.Quit
End Sub
Private Sub Form_Load()
Me.Text0.SetFocus
Me.Text0 = ""
Me.Text2 = ""
End Sub
```

图 9-11　输入代码完成后的代码窗口

（8）单击工具栏上的"视图"按钮，回到 Access 数据库窗口，在"窗体视图"中打开设计完成的"登录窗体"，检验设计效果。

实训

【实训】　在"图书管理系统"中创建和应用模块

（1）在"图书管理系统"中新建一个标准模块，显示消息"欢迎使用图书管理系统"，然后在"切换面板"窗体打开时调用此模块。

（2）学生借书超期时，按"超期罚款 = 超期天数 × 0.1"计算罚款金额。新建一个标准模块，在模块中建立一个函数，用于计算学生借书超期的罚款金额。

（3）建立"超期罚款"窗体，窗体中至少包含两个文本框，分别用于显示超期天数和罚款金额，要求在窗体中调用（2）中建立的函数。

思考题

1. VBA 程序设计语言有什么特点？

2. VBE 环境主要由哪些窗口组成？它们的作用是什么？

3. 什么是对象？什么是对象的属性、方法和事件？

4. 什么是过程？Sub 过程和函数的区别是什么？

第 10 章　数据库的安全

数据库的安全性是指保护数据库以防止不合法的使用所造成的数据泄露、更改或破坏。Access 2003 提供了多种方法来控制对数据库及其对象的访问权限。

10.1　数据库密码

一种简单的保护数据库的方法是为打开数据库设置密码。设置密码后，每次打开数据库时都将显示要求输入密码的对话框，只有输入正确密码的用户才可以打开数据库。在数据库打开之后，数据库中的所有对象对用户都将是可用的（除非已定义了其他类型的安全机制，在 10.2 节中会有介绍）。对于单机上的数据库，通常只需设置数据库密码就足够了。

10.1.1　设置数据库密码

【例 10-1】　为"学生成绩管理系统"设置密码。

（1）以独占方式打开数据库。运行 Access，执行"文件"菜单中的"打开"命令（或单击工具栏上的"打开"按钮），在弹出的"打开"对话框中选择要打开的数据库"学生成绩管理系统"，并在"打开"的下拉列表框中选择"以独占方式打开"，如图 10-1 所示。

（2）设置密码。选择"工具"菜单中"安全"子菜单下的"设置数据库密码"命令，弹出"设置数据库密码"对话框，在其中的"密码"和"验证"文本框中输入同一密码，然后单击"确定"按钮，如图 10-2 所示。

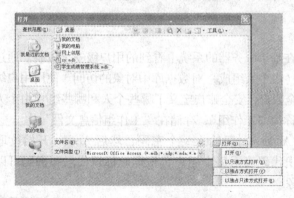

图 10-1　以独占方式打开数据库

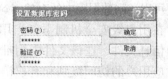

图 10-2　设置数据库密码

💡**注意**：设置密码时，要注意英文的大小写状态，密码一定要能让自己记住，若忘记数据库密码，则无法打开数据库。

10.1.2　撤销或修改数据库密码

【例 10-2】　撤销"学生成绩管理系统"密码。

（1）以独占方式打开数据库。运行 Access，执行"文件"菜单中的"打开"命令（或单击工具栏上的"打开"按钮），在弹出的"打开"对话框中选择要打开的数据库"学生成绩管理系统"，并在"打开"的下拉列表框中选择"以独占方式打开"，如图 10-1 所示。

（2）在弹出的"要求输入密码"对话框中输入原来设置的密码，如图 10-3 所示，单击"确定"按钮打开数据库。

（3）选择"工具"菜单中"安全"子菜单下的"撤销数据库密码"命令，弹出"撤销数据库密码"对话框，在其中的"密码"文本框中输入原来设定的密码，如图 10-4 所示，单击"确定"按钮即可撤销数据库密码。

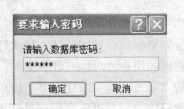

图 10-3　输入密码打开数据库

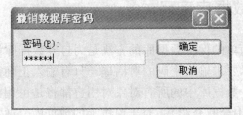

图 10-4　撤销数据库密码

如果想修改数据库密码，在撤销密码后再重新设置密码即可。

10.2　用户级安全机制

在实际应用中，多数数据库都是通过共享的方式供大量用户使用的，不同类型的用户在使用同一个数据库时应该有不同的权限，要保护一个数据库，对不同的用户设置安全级别非常重要。在 Access 数据库中，使用用户级安全机制，设计者可以针对具体用户，分别赋予不同的权限，防止一些非法用户对数据库的操作，加强数据库的安全性。

10.2.1　用户级安全机制的作用

Access 的用户级安全机制非常类似于在基于服务器的系统上看到的用户级安全机制。通过使用密码和权限，可以允许或限制个人、组（由个人组成）对数据库中对象的访问。使用用户级安全机制的数据库，要为数据库规划一组安全账户，安全账户定义了哪些个人和哪些组（由个人组成）可以访问数据库中的对象。这一信息称为"工作组"，存储在"工作组信息文件"中。

在用户级安全机制下，当用户启动 Access 时要输入一个密码，然后 Access 开始读取工作组信息文件，在该文件中用唯一的标识代码表示每个用户，根据此标识代码和密码可以决定对应用户的访问级别和有权访问的对象。

Access 默认将系统中的合法用户分为两个组：管理员组和用户组。用户还可以根据需要建立其他的组。"管理员组"中的用户拥有对数据库对象的完全权限，"用户组"在默认的情况下对所有的新建对象都拥有完全的权限，但可以通过管理员组中的成员改变用户组的权限。

管理员组中有一个默认的"管理员"用户账户。"管理员"用户账户对 Microsoft Access 的每份副本而言都是完全相同的。所以在应用用户级安全机制时，要新定义一个属于"管理员组"的用户接管原来"管理员"账户的权力，然后将"管理员"账户从"管理员组"中删除。这样，叫做"管理员"的用户（其他 .mdb 数据库、Excel 等 Office 文档默认的当前操作者都为"管理员")就不再对应用了安全机制的数据库有"管理员组"的权力。

10.2.2 设置用户级安全机制

手工设置安全机制很烦琐,使用 Access 提供的"设置安全机制向导"可以简化这一过程,快速实现用户级安全机制的设置。

【例 10-3】 为"学生成绩管理系统"设置用户级安全机制。

(1)打开"学生成绩管理系统",选择"工具"菜单中"安全"子菜单下的"设置安全机制向导"命令,打开"设置安全机制向导",单击"新建工作组信息文件"单选按钮,如图 10-5 所示。

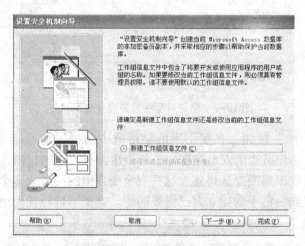

图 10-5 新建工作组信息文件

(2)单击"下一步"按钮,在接下来的对话框中输入工作组相关信息。在"文件名"文本框中确定工作组信息文件的路径和文件名,默认是和数据库文件同路径,文件名为 Security.mdw;"WID"即工作组 ID,默认值是一组随机产生的字符串,一般不需要修改;默认选择工作组是面向单个数据库而非所有数据库,设置如图 10-6 所示。

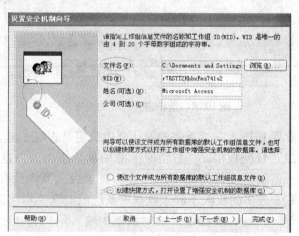

图 10-6 选择工作组面向单个数据库

（3）单击"下一步"按钮，在接下来的对话框中确定对哪些对象设置安全机制。默认对数据库的所有对象设置安全机制，这里使用默认值，如图 10-7 所示。

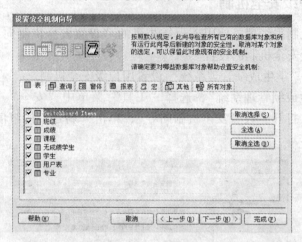

图 10-7　确定对哪些对象设置安全机制

（4）单击"下一步"按钮，在接下来的对话框中选择工作组信息文件中要包含的组。Access 为用户设定了 7 个可选的安全组账户，每个组都有不同的权限，单击一个组可以查看该组的权限，用户可以根据需要选择建立这些安全账户中的一个或多个，也可以一个也不选择，在建立完安全机制后再手动建立自己需要的组。这里不选择任何组，如图 10-8 所示。

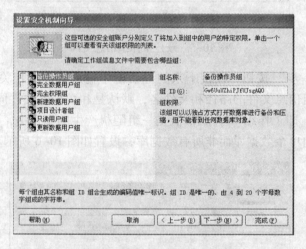

图 10-8　选择建立需要的组账户

（5）单击"下一步"按钮，在接下来的对话框中确定是否赋予默认的"用户组"权限。默认值是不给"用户组"任何权限，一般情况下使用默认值，因为默认的"用户组"是提供给任意用户使用的，也就是说任何一个用户成功登录后，都将具有这个默认用户组的权限。因此，给用户组赋予过多的权限不利于数据库系统的安全。本例设置如图 10-9 所示。

（6）单击"下一步"按钮，在接下来的对话框中输入用户名和密码，单击"将该用户添加到列表"按钮添加新的用户。本例添加 3 个用户"teacher"、"stu1"、"stu2"。除了添加的用户外，还有一个用户是 Windows 登录用户（本例是 Administrator），为安全起见，这里把 Windows 登录账户删除掉。设置后的对话框如图 10-10 所示。

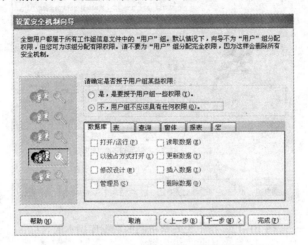

图 10-9　确定"用户组"权限

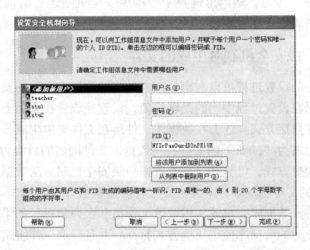

图 10-10　建立新用户

（7）单击"下一步"按钮，在接下来的对话框中确定所建立的用户和组的关系。这里至少要把一个用户赋给"管理员组"，用于接管"管理员"的全部权限。本例把"teacher"用户赋给管理员组，如图 10-11 所示。

（8）单击"下一步"按钮，在接下来的对话框中指定没有设定安全机制的数据库副本的存储路径和名称。Access 默认的文件名和源数据库文件的文件名相同，扩展名是".bak"。如果管理员忘记了密码，利用这个副本可以重现没有安全机制的数据库文件。本例用默认文件名，如图 10-12 所示。

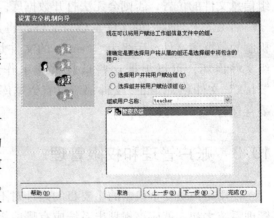

图 10-11　把用户赋给管理员组

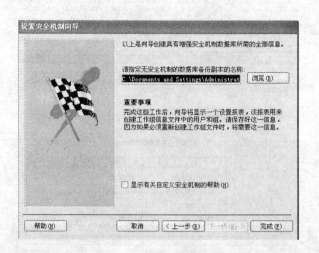

图 10-12　指定无安全机制的数据库副本的名称

（9）单击"完成"按钮，随后出现关于数据库安全机制建立的信息报告，保存它，即完成了数据库系统的安全机制设置过程。

10.2.3　设置用户级安全机制时生成的文件

从安全机制向导的设置过程可以看出，用向导完成数据库系统的安全机制设置后，会新生成很多文件。如果在设置过程中用的是默认值，设置完成后在桌面上会出现一个与数据库文件同名的链接文件快捷方式。还会在数据库文件所在文件夹中生成 Security. mdw 文件、与数据库文件同名的后缀为".bak"的文件、与数据库文件同名的后缀为".snp"的文件。

双击新生产的快捷方式，可打开运行设置用户级安全机制后的数据库系统，而原来存在的后缀为".mdb"的文件则成了一个无法直接打开的数据库文件。"Security. mdw"是工作组信息文件，每次打开数据库时都要从中读取工作组和账户信息，如果缺失或损坏，数据库将无法打开。由于此时的数据库使用快捷方式打开，并且读取工作组信息文件时是从当初建立时指定的存放位置读取，所以用向导设置完安全机制后，一般不要移动数据库文件和工作组信息文件的位置，否则会无法打开数据库。

后缀为".bak"的文件是后备文件，将其后缀改为".mdb"，即可重现没有设置安全机制的数据库文件。后缀为".snp"的文件是保存工作组相关信息的快照文件，如果工作组文件损坏，可以根据这些信息重建工作组信息文件。出于对数据库安全保护考虑，".bak"文件和".snp"文件都应只有数据库的管理者才能拥有，并要放置在机密的地方，妥善保管。

10.3　账户管理和权限管理

使用用户级安全机制的主要目的是针对不同的用户分配不同的权限。在设计一个数据库管理系统之初，就应该规划出系统应有哪些级别的用户，各类用户的权限是什么。在设计完系统，并用"设置安全机制向导"设置完安全机制后，再以管理员组成员的身份登录，设置需要的用户账户和组账户（这部分工作在应用"设置安全机制向导"时也可进行），并对不同的账户赋予不同的权限。

10.3.1 账户管理

账户的管理主要包括新建或删除用户账户、新建或删除组账户、把用户添加到某个组、设置账户密码等。其中设置账户密码需要以要设置密码的账户登录，其余的操作都需要以管理员组用户身份登录。

1. 新建用户并把用户加入到组

【例10-4】 为"学生成绩管理系统"添加用户"stu3"和用户"stu4"，添加组"monitor"和组"student"，并将"stu1"、"stu2"加入组"monitor"，将"stu3"、"stu4"加入组"student"。

(1) 双击"学生成绩管理系统"的快捷方式，在如图10-13所示的"登录"对话框中输入管理员组用户"teacher"和对应的密码，单击"确定"按钮打开数据库。

(2) 选择"工具"菜单中"安全"子菜单下的"用户与组账户"命令，打开"用户与组账户"对话框，如图10-14所示。在该对话框中可以看到 Access 默认的两个组账户"管理员组"、"用户组"和用户账户"管理员"。在"用户"选项卡中用户的"名称"下拉列表框中可以看到所有的用户账户。

💡注意：由于管理员组用户和其他用户权限不一样，所以以其他用户账户登录后，看到的"用户与组账户"对话框和图10-14会有不同。

(3) 在"用户"选项卡下单击"新建"按钮，弹出"新建用户/组"对话框，在其中输入用户名称和个人 ID 号，如图10-15所示。

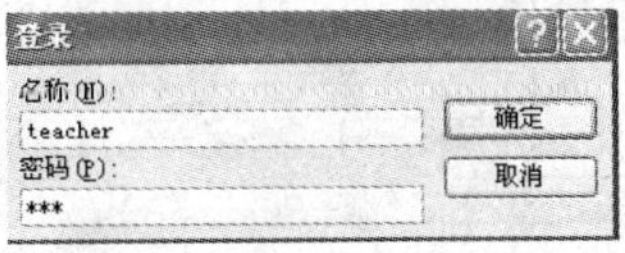

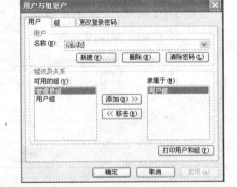

图 10-14　"用户"选项卡

图 10-13　"登录"对话框

💡注意：用户名不能和已有的用户或组的名称重复，个人 ID 号是长度在 4 ~ 20 之间的由数字和字符组成的字符串，且不能与已经存在的组或用户的 ID 号相同。

(4) 单击"确定"按钮，即可完成用户"stu3"的添加，然后在用户的"名称"列表中可以看到该用户名称。同样的方法可添加用户"stu4"。

(5) 单击"组"选项卡，出现如图10-16所示界面，单击"新建"按钮，弹出"新建用户/组"对话框，在其中输入组名

图 10-15　新建用户

称和个人 ID，如图 10-17 所示。

（6）单击"确定"按钮，即可完成用户组"monitor"的添加，在"名称"列表中可以看到该用户组的名称。同样的方法可添加组"student"。

（7）单击"用户"选项卡，在"名称"下拉列表框中选择用户"stu1"，在"可用的组"列表框中，选择组"monitor"，然后单击"添加"按钮，即可将用户"stu1"添加入组"monitor"，如图 10-18 所示。用同样的方法将其他用户添加到要求的组中。添加后在"名称"中选中一个用户，在"隶属于"列表框中可以看到用户所隶属的组。

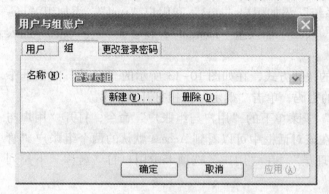

图 10-16　"组"选项卡

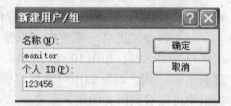

图 10-17　新建组

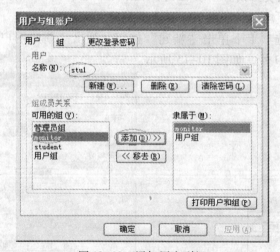

图 10-18　添加用户到组

2. 删除账户

在如图 10-14 所示"用户与组账户"对话框的"用户"选项卡下，在用户"名称"下拉列表框中选择一个用户，单击"删除"按钮即可删除该用户。在如图 10-16 所示"用户与组账户"对话框的"组"选项卡下，在"名称"列表框中选择一个组，单击"删除"按钮即可删除该组。

3. 设置、修改和清除密码

在如图 10-14 所示"用户与组账户"对话框中单击"更改登录密码"选项卡，在弹出的如图 10-19 所示对话框中可以设置或修改密码。如果账户以前没有密码，则只需在"新密码"和"验证"文本框中两次输入密码，即可设置密码。如果账户以前已经有密码，想

206

修改密码，在"旧密码"文本框中输入以前设置的密码，在"新密码"和"验证"文本框中两次输入新密码，即可设置新密码。例如，用户"teacher"在用"设置安全机制向导"建立时已经设置了密码，如图10-19所示，可以为它修改密码。

每个用户只能为自己设置密码，设置账户密码时需要以要设置密码的账户登录。切换登录用户要先退出 Access，再打开 Access 以需要的用户名登录。

以管理员的身份登录，在如图10-14所示"用户与组账户"对话框中的用户"名称"列表框中选择某个用户，单击"清除密码"按钮可以清除该用户的密码。

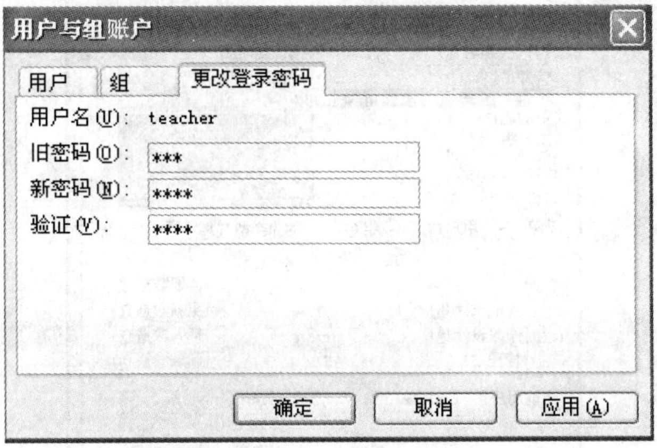

图 10-19　设置用户密码

💡**注意**：如果想让用户必须输入自己的账户和密码才能登录，必须为"管理员"设置密码，否则即使其他用户设置了密码，打开数据库时也会直接以无密码的"管理员"身份登录。

10.3.2　权限管理

权限有两种类型：显式的和隐式的。显式的权限是指直接授予某一用户账户的权限，该权限对其他用户没有影响。隐式的权限是指授予组账户的权限。将用户添加到组中也就同时授予了用户该组的权限，而将用户从组中删除则取消用户的组权限。

当用户要对使用了安全机制的数据库对象执行操作时，该用户所具有的权限是其显式和隐式权限的交集。用户的安全级别总是取决于用户的显式权限与用户所属组的权限中限制最苛刻的权限。因此，管理工作组权限最简单的方法就是创建组并为组指定权限，而不是为单个用户指定权限，然后通过将用户添加到组中或从组中删除的方式来更改单个用户的权限。而且，如果要授予新的权限，使用一个操作即可对一个组中的所有成员授予权限。

"管理员"组成员、对象的所有者、对对象具有"管理员"权限的用户都可以更改对数据库对象的权限。

【例10-5】　对不同的组授予权限，使"monitor"组成员可以有读取数据和编辑数据的权限，"student"组成员有读取数据的权限。

（1）双击"学生成绩管理系统"的快捷方式，在如图10-13所示的"登录"对话框中，输入管理员组用户名"teacher"和对应的密码，单击"确定"按钮打开数据库。

（2）选择"工具"菜单中"安全"子菜单下的"用户与组权限"命令，打开"用户与组权限"对话框，在此对话框中可以设置用户或组的权限，如图 10-20 是"monitor"组对"表"对象权限的设置。在"列表"中选择"组"，表示要对组账户设置权限；在"用户名/组名"列表框中选择要设置权限的组名"monitor"；在"对象类型"下拉列表框中选择对象"表"；在对象名称列表框中选择所有表对象；在"权限"区域中勾选需要赋予所选组对所选对象的权限，按本例要求，"monitor"组对所有"表"有图 10-20 中所勾选的权限。设置完成后，单击"应用"按钮。

图 10-20　设置权限

（3）用同样的方法，设置组"monitor"对其他对象的权限和组"student"的权限，两个组对所有对象的权限见表 10-1。

表 10-1　"monitor"和"student"组对数据库对象的权限

对象类型	对象名称	"monitor"组权限	"student"组权限
数据库	当前数据库	打开/运行	打开/运行
表	所有表	读取设计、读取数据、更新数据、插入数据、删除数据	读取设计、读取数据
查询	所有查询	读取设计、读取数据、更新数据、插入数据、删除数据	读取设计、读取数据
窗体	所有窗体	打开/运行	打开/运行
报表	所有报表	打开/运行	打开/运行
宏	所有宏	打开/运行	打开/运行

（4）单击"确定"按钮，完成对组权限设置。

10.4　其他数据库安全常用技巧

10.4.1　编码数据库

为数据库编码是保护数据库中数据安全的一种有效手段。为数据库编码可压缩数据库文件，使得别的用户很难使用程序或字处理器破译。当用电子方式传输数据库或者将数据库存储在软盘、U盘或光盘中时，进行编码尤为有用。对数据库进行编码一般要结合数据库的其他安全措施，如和给数据库设置密码一起使用，对未实施安全措施的数据库进行编码将是无用的，因为任何人都可打开这种数据库并且对数据库中的对象拥有完全访问权限。

对数据库文件进行编码的过程如下。

（1）打开需要进行编码的数据库文件。

（2）选择"工具"菜单下"安全"子菜单中的"编码/解码数据库"命令。

（3）在如图10-21所示的"数据库编码后另存为"对话框中，为编码过的数据库文件起名并选择保存位置，单击"保存"按钮即可。

图 10-21 "数据库编码后另存为"对话框

10.4.2 使用启动选项

一个设计好的数据库系统在运行时，希望系统能不再显示 Access 提供的设计视图，这样既使设计运行起来美观，又能在一定程度上提高数据库的安全性。

在数据库系统处于打开状态时运行"工具"菜单中的"启动"命令，弹出"启动"对话框。在此对话框中可以通过设置不显示数据库窗口来达到隐藏设计视图的目的。在"启动"对话框中还可以设置数据库应用程序的标题和图标，数据库打开时自动打开的页或窗体等。例如，按照如图10-22所示为"学生成绩管理系统"设置"启动"对话框后，系统打开时的界面如图10-23所示。

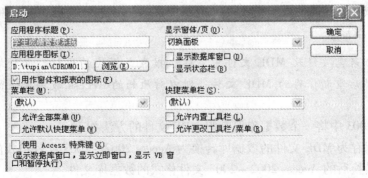

图 10-22 设置"启动"对话框

操作技巧：在设置数据库启动属性的对话框中，有一系列的复选框。为了彻底关闭 Access 2003 特有的窗口特征，除有特定的需求外，一般将对话框中所有的复选框都设置为不勾选状态，如图 10-22 所示。

操作技巧：在设置完数据库启动属性后，如果想在启动时不应用启动属性，可在启动时按住〈Shift〉键。

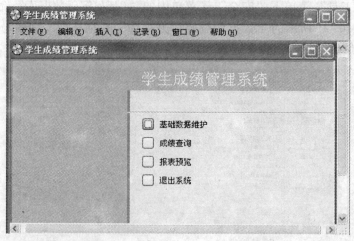

图 10-23   设置"启动"项后打开的系统界面

10.4.3   将数据库保存为 MDE 文件

如果数据库中包含 VBA 的程序代码，用户将数据库保存为 MDE 文件可以将其中的 VBA 程序代码进行编译，删除所有可编辑的源代码，并压缩目标数据库。生成 MDE 文件后数据库中的代码将继续正常运行，但无法再对其进行查看或编辑，从而保护了代码的安全性。

将 Access 数据库保存为 MDE 文件可防止进行以下操作。

（1）在"设计"视图中查看、修改或创建窗体、报表或模块。

（2）添加、删除或更改对对象库或数据库的引用。

（3）更改代码。

（4）导入或导出窗体、报表或模块（但可以在表、查询、数据访问页和宏中导入或导出非 MDE 数据库）。

注意：如果需要修改 MDE 文件中窗体、报表或模块的设计，必须修改原始的 Access 数据库，然后重新保存为 MDE 文件。所以对原始的 Access 数据库保留一个副本非常重要。

在 Access 2003 中将一个数据库保存为 MDE 文件的方法如下。

（1）将要保存为 MDE 文件的数据库转换为 Access 2002 - 2003 文件格式的数据库。

（2）打开转换后的 Access 2002 - 2003 文件格式的数据库文件。

（3）选择"工具"菜单下"数据库实用工具"子菜单中的"生成 MDE 文件"命令。

（4）在如图 10-24 所示的"将 MDE 保存为"对话框中，为 MDE 文件起名并选择保存位置，单击"保存"按钮即可。

图 10-24　"将 MDE 保存为"对话框

注意：在 Access 2003 中生成 MDE 文件之前，要把数据库文件转换为数据库系统的当前版本。

实训

【实训 10-1】　设置数据库密码

（1）为"学生成绩管理系统"设置数据库密码。

（2）打开设置密码后的数据库。

（3）取消数据库密码。

【实训 10-2】　设置用户级安全机制

用"设置安全机制向导"完成例 10-3 中对"学生成绩管理系统"用户级安全机制的设置。

【实训 10-3】　为"图书管理系统"建立用户级安全机制

（1）为"图书管理系统"建立用户级安全机制。要求建立两个用户，一个起名为"系统管理员"，另一个起名为"普通用户"，给两个用户设置 5 位数密码。

（2）将"系统管理员"用户赋给"管理员"组。

（3）设置"普通用户"的权限，使其只具有使用主菜单中"基本信息查询"和"借阅信息查询"功能的权限。

（4）为"图书管理系统"设置启动项，隐藏数据库窗口。

思考题

1. Access 中默认的账户有哪些？

2. 使用"设置安全机制向导"后都生成哪些文件？各自的作用是什么？应如何放置这些文件？

3. 列举几种保护数据库的方法，比较各种方法的主要作用。

第11章 数据库设计

通过前面章节的介绍，已掌握了对 Access 中各个对象的基本操作。例如，在贯穿全书的"学生成绩管理系统"中，按照要求建立好数据表，然后进一步建立满足功能需求的查询、窗体、报表等其他对象。但利用这些知识，还不能根据实际的需求建立起一个数据库应用系统，因为还缺少非常关键的也是最重要的一步：给定一个应用需求，如何合理地确定数据库中应建立哪些表，表中应包含哪些字段？要解决这个问题，需要了解数据库设计的相关知识。

11.1 数据模型

数据库中存储的数据是对现实世界中有用信息的描述。根据现实的需要抽象出这些数据，使其既能描述客观事物及其联系，又能让计算机对这些数据进行处理，这个过程称为创建数据模型。数据模型有很多种，常用的有概念数据模型和逻辑数据模型。

11.1.1 概念数据模型

概念数据模型简称为概念模型，是指把现实世界中的客观对象抽象为某一种信息结构。概念模型着重分析数据及数据之间的联系，不涉及信息在计算机中的表示，是一种独立于计算机系统的数据模型。下面介绍概念模型中常用的概念。

1. 实体

实体是指客观存在并可相互区分的事物，如一个学生，一个班级都是实体。具有相同特征的实体的集合称为实体集，如全体学生就是一个实体集。

2. 属性

属性是指实体所具有的特征，如"学生"实体的属性有"学号"、"姓名"、"性别"等。实体间的联系也可以有属性。

3. 联系

联系是指实体间具有的关系。实体间的联系可分为3类：一对一联系、一对多联系和多对多联系。

（1）一对一联系。设有两个实体集 A 和 B。如果 A 中的每一个实体在 B 中至多有一个实体与之有联系，反之亦然，则称 A 和 B 具有一对一联系，记为 1∶1。例如，"学生"和"借书卡"之间就是一对一联系，一个学生只能有一个借书卡，一个借书卡也只能属于一个学生。

（2）一对多联系。设有两个实体集 A 和 B。如果 A 中的每一个实体在 B 中有若干个实体与之有联系，反之，B 中每个实体，在 A 中至多有一个实体与之有联系，则称 A 和 B 具有一对多联系，记为 1∶n。A 是联系的1端，B 是联系的多端。例如，"班级"与"学生"之间就是一对多联系，一个班级可以包含多个学生，但一个学生只能属于一个班级。

（3）多对多联系。设有两个实体集 A 和 B。如果 A 中的每一个实体在 B 中有多个实体与之有联系，反之亦然，则称 A 和 B 具有多对多联系，记为 m：n。例如，"学生"与"课程"之间就是一对多联系，一个学生可以选修多个课程，一个课程也可以被多个学生选修。

4. 码

码又称做关键字，是指能唯一标识实体的属性集，如"学生"实体的码是"学号"。

5. E-R 模型

常用实体-联系（E-R）方法来表示概念模型，用 E-R 方法建立起来的模型叫 E-R 模型。这种方法用 E-R 图来表示实体、属性和实体间的联系，可以简洁、清晰地描述现实世界中的各种对象和关系。

在 E-R 图中，实体、属性和关系的图形表示分别如下。

（1）实体：实体用矩形表示，矩形内写上实体的名称。

（2）属性：属性用椭圆表示，椭圆内写上属性的名称，椭圆用线和相关实体相连接。

（3）联系：联系用菱形表示，菱形框内写上联系的名称，用线与相关实体连接，并在线旁标注联系的类型"1：1"、"1：n"或"m：n"。

【例 11-1】 为"学生成绩管理系统"建立 E-R 模型。

（1）建立 E-R 模型首先要根据对系统的需求分析确定系统中涉及的实体及属性。"学生成绩管理系统"中涉及的实体及属性分别如下。

学生：属性有学号、姓名、性别、出生年月、家庭住址、邮政编码、政治面貌、备注。

班级：属性有班级编号、班级名称、辅导员。

课程：属性有课程编号、课程名称、学分、任课教师、考试性质。

专业：专业代码、专业名称、学制、所属系别。

（2）分析这些实体间的联系有：学生属于班级，班级和学生间是一对多联系；学生选修课程，并得到该课程对应的成绩，学生和课程间是多对多联系，某个专业包含有不同的班级，专业和班级间是一对多的关系。

（3）根据分析的实体、属性和实体间的联系画出"学生成绩管理系统"的 E-R 图，如图 11-1 所示。

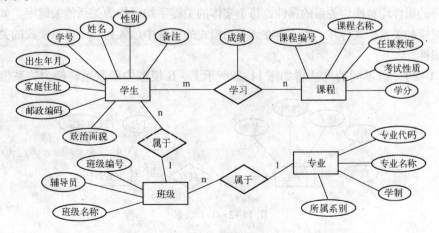

图 11-1 "学生成绩管理系统"E-R 图

11.1.2　逻辑数据模型

概念模型完成对对象的现实信息进行抽象处理，要想让其转换成计算机可以理解的、能被数据库管理系统支持的数据，必须把概念数据模型转换成逻辑数据模型。逻辑数据模型（简称为数据模型）是用户从数据库所看到的数据模型，是具体的数据库管理系统所支持的数据模型。如第1章所述，常见的逻辑数据模型有3种：层次模型，网状模型和关系模型，Access 支持的是关系模型，也是一种使用最多的数据模型。

在第1章中已经介绍了关系模型的基本概念，这里再补充一个关系模式的概念，关系模式是对关系的描述，通常用关系名后加上括号，括号中列出关系的属性来表示。如关系"学生"可以描述为：学生（学号，姓名，性别，出生年月，家庭住址，邮政编码，政治面貌，备注），后面会多采用此种描述方式。

通过前面的介绍已经知道，在关系型数据库系统中，一个"关系"对应一张二维的"表"，关系模式中的属性即二维"表"中的字段。

11.1.3　概念模型转换为关系模型

本节介绍如何将概念模型中常用的 E - R 模型转换为关系模型。

E - R 模型向关系模型转换的核心问题是如何将实体和实体间的联系转换为关系模式，换句话说，怎样由 E - R 图得到一张张的表。

从 E - R 图转换到关系模式，可遵循以下的原则。

1.　实体的转换

一个实体转换为一个关系模式。实体的属性就是关系的属性，实体的关键字就是关系的关键字。如班级实体对应的关系模式为：班级（班级编号，班级名称，辅导员）。

2.　实体间联系的转换

关系模型中实体和实体的联系都是用关系来表示的，所以实体的联系也应转换为关系模式。根据实体间联系的类型的不同，转换的方法也不同。

（1）一对一联系的转换。一个1:1联系可以转换为一个独立的关系模式，也可以与任意一端对应的关系模式合并。如果转换为一个独立的关系模式，则与该联系相连的各实体的关键字以及联系本身的属性均转换为关系的属性，每个实体的关键字均可作为关系的关键字。如果与某一端的实体对应的关系模式合并，则需要在该关系模式的属性中加入另一个关系模式的关键字和联系本身的属性。

【例11-2】　以不同的方法将如图 11-2 所示 E - R 模型中的联系转换为关系模式。

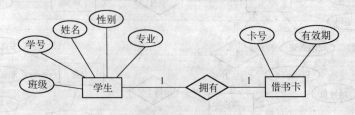

图 11-2　1:1 联系

① 首先分析实体对应的关系模式，学生实体对应的关系模式为：学生（学号，姓名，性别，专业，班级），图书卡实体对应的关系模式为：图书卡（卡号，有效期），接下来把联系转换为关系模式。

② 如果把联系转换为独立的关系模式，根据上述原则，生成的关系模式为：卡分配（学号，卡号），学号和卡号都可以作为关键字。

③ 如果把联系和学生关系模式合并，根据上述原则，生成的关系模式为：学生（学号，姓名，性别，专业，班级，卡号）。

④ 如果把联系和图书卡关系模式合并，根据上述原则，生成的关系模式为：图书卡（卡号，有效期，学号）。

（2）一对多联系的转换。一个 1:n 联系可以转换为一个独立的关系模式，也可以与 n 端对应的关系模式合并。如果转换为一个独立的关系模式，则与该联系相连的各实体的关键字和联系本身的属性均转换为关系的属性，关系的关键字是 n 端实体的关键字。如果与 n 端对应的关系模式合并，则将 n 端关系模式的属性中加入 1 端关系模式的关键字和联系本身的属性，关系的关键字是 n 端实体的关键字。

【例 11-3】 以不同的方法将如图 11-1 所示 E-R 模型中学生实体和班级实体间的联系转换为关系模式。

① 首先分析实体对应的关系模式，学生实体对应的关系模式为：学生（学号，姓名，性别，出生年月，家庭住址，邮政编码，政治面貌，备注），班级实体对应的关系模式为：班级（班级编号，班级名称，辅导员），接下来把联系转换为关系模式。

② 如果把联系转换为独立的关系模式，根据上述原则，生成的关系模式为：分班情况（学号，班级编号）。

③ 如果把联系和 n 端对应的关系模式合并，根据上述原则，生成的关系模式为：学生（学号，姓名，性别，出生年月，家庭住址，邮政编码，政治面貌，备注，班级编号）。

（3）多对多联系的转换。一个 m:n 联系转换为一个独立的关系模式。与该联系相连的各实体的关键字及联系本身的属性转换为关系的属性，关系的关键字是各实体关键字的组合。

【例 11-4】 将如图 11-1 所示 E-R 模型中学生实体和课程实体间的联系转换为关系模式。

① 首先分析实体对应的关系模式，学生实体对应的关系模式为：学生（学号，姓名，性别，出生年月，家庭住址，邮政编码，政治面貌，备注），课程实体对应的关系模式为：课程（课程编号，课程名称，学分，任课教师，考试性质）。接下来把联系转换为关系模式。

② 把联系转换为独立的关系模式，根据上述原则，生成的关系模式为：学生成绩（学号，课程编号，成绩）。

11.2 关系模式的规范化

从上节的例子中可以看出，同一个 E-R 图转换为关系模式的方法和结果不是唯一的。另外，用上述方法从 E-R 图直接转换得来的关系模式往往也不是最优的。关系模型之所以得到广泛的应用，一个很重要的优点是它有坚实的数学基础，可以利用关系数据库理论的指导，对得到的关系模式进行适当修改、优化，以提高数据库的性能。本节介绍优化数据库最主要的依据：函数依赖和范式。

11.2.1 关系模式的存储异常

以"学生成绩管理系统"为例来介绍存储异常。在建立"学生成绩管理系统"时，假如首先考虑把学生的基本信息和班级信息放在一个关系模式中来描述，这个模式可以是：学生及班级（学号，姓名，性别，出生年月，家庭住址，邮政编码，政治面貌，备注，班级编号，班级名称，辅导员）。如果采用这种模式，可能带来下列问题。

（1）数据冗余。由于一个班级包含多个学生，而每存储一个学生的数据记录时都要存储其班级信息，则一个班级的相关信息将被多次重复存储，造成数据的冗余。

（2）更新异常。假如更换了某个班级的班主任，则所有存储该班级的记录对应的班主任信息都要做相应修改。但由于数据存储冗余，就有可能出现一部分涉及的记录被修改，而另一部分记录却没有被修改的现象，发生数据的不一致，出现一个班级对应两个班主任的情况。

（3）插入异常。假如一个班级刚成立，还没有学生，那么就无法把班级的相关信息存入数据库。这是因为在关系模式"学生及班级"中，学号是关键字，而关系模型的实体完整性约束不允许关键字为空值，因此在班级未分配学生前，相应的记录无法插入。

（4）删除异常。假如某个班级的学生毕业后，需要删除该班级的学生记录。那么在删除该班级全体学生的同时，会把这个班级的相关信息也一同删去，这是我们所不希望的。

在设计一个关系模型时，应该避免发生插入异常和删除异常，并且使冗余尽可能减少。

上述关系模式中的异常统称为存储异常，想要了解造成这些异常的原因，进而消除这些异常，就要了解函数依赖的相关知识。

11.2.2 函数依赖

一个实体的属性中，如果一个属性或一组属性 Y 的值是由另外一个属性或一组属性 X 的值来确定的，就称为 Y 函数依赖于 X，记作 X→Y。函数依赖正像一个函数 $Y = f(X)$ 一样，X 的值给定后，Y 的值也就唯一地确定了，如学号→姓名。

函数依赖分为以下几类。

（1）完全依赖。在关系模式中，如果某属性的值依赖于关键字组所有成员的值，这种依赖称为完全依赖。

例如，在关系模式学生成绩（学号，姓名，班级名称，课程名称，成绩）中，显然成绩由学号和课程名称决定，成绩完全依赖于关键字组（学号，课程名称）。

（2）部分依赖。在关系模式中，如果某属性的值依赖于关键字组的部分成员的值，这种依赖称为部分依赖。

例如，在上述关系模式学生成绩（学号，姓名，班级名称，课程名称，成绩）中，姓名只由关键字组（学号，课程名称）中的学号决定的，则姓名部分依赖于关键字组。

（3）传递依赖。在关系模式中，如果某属性 X→Y，而 Y→Z，则称 Z 对 X 传递函数依赖。

例如，在关系模式学生专业（学号，班级名称，所属专业）中，学生的学号决定了其所在的班级，班级又决定了其所属的专业。这个依赖关系就是传递依赖，所属专业传递依赖于学号。

在3种函数依赖中，部分依赖和传递依赖会造成存储异常。

11.2.3 关系模式的规范化

为帮助人们设计出良好的数据库，关系数据库理论中提出了设计数据库所要满足的一些规范，称为范式。

范式根据满足要求的程度分为不同的级别。目前关系数据库有6种范式：第一范式（1NF）、第二范式（2NF）、第三范式（3NF）、BCNF、第四范式（4NF）、第五范式（5NF）。满足最低要求的范式是第一范式，在第一范式的基础上进一步满足更多要求的称为第二范式，其余范式依此类推。一个低一级的范式可以转换为若干个高一级的范式，这种转换过程就叫规范化。

1. 第一范式

如果关系的每一个属性都是单值的，则该关系满足第一范式。表现为数据库当中的表，就是要求表中每个列都是不可分割的基本数据项。

例如，表11-1中的"联系方式1"表是不符合第一范式要求的。

表11-1 联系方式1

姓　名	电　话		信　箱
李明	手机：13100000000	固话：0371 - 11111111	Liming@ 163. com
王芳	手机：13111111111	固话：0371 - 22222222	wangfang@ 163. com

将表11-1中的"联系方式1"表转换为表11-2中的"联系方式2"表，才符合第一范式的要求。

表11-2 联系方式2

姓　名	手　机	固　话	信　箱
李明	13100000000	0371 - 11111111	Liming@ 163. com
王芳	13111111111	0371 - 22222222	wangfang@ 163. com

在任何一个关系数据库中，第一范式（1NF）是对关系模式的基本要求，不满足第一范式（1NF）的数据库就不是关系数据库。

2. 第二范式

如果关系满足第一范式，并且所有的非主属性（不在任何候选关键字中的属性称为非主属性）都完全依赖于任意一组候选关键字，则该关系就满足第二范式。即在第二范式中，不存在非主属性对任一候选关键字的部分函数依赖。

例如，有关系模式学生选课（学号，姓名，性别，课程名称，学分，成绩），这个关系模式不符合第二范式，因为此关系模式中关键字是组合关键字（学号，课程名称），而在此关系中有这样的决定关系：（课程名称）→（学分），（学号）→（姓名，性别），所以学分和姓名、性别都部分依赖于关键字。

由于不符合第二范式，这个关系模式会出现以下问题。

（1）数据冗余。同一门课程由多个学生选修，则本课程的"学分"信息就要被多次重复存储；同一个学生选修了多门课程，则该学生的"姓名"和"性别"值就要被多次重复存储。

（2）更新异常。假如调整了某门课程的学分，数据表中所有该课程的"学分"值都要做相应更新，否则会出现同一门课程学分不同的情况。

（3）插入异常。假设要开设一门新的课程，暂时还没有人选修，由于缺少记录中的"学号"关键字，课程名称和学分也无法记录入数据库。

（4）删除异常。假设一批学生已经完成课程的选修，需要将这些选修记录从数据库表中删除。但是，与此同时，课程名称和学分信息也会被删除掉。

要想消除存储异常，就要消除部分依赖关系，使之符合第二范式，具体的做法是把上述关系模式分解为 3 个关系模式：

学生（学号，姓名，性别）

课程（课程名称，学分）

选课（学号，课程名称，成绩）

这样的关系模式是符合第二范式的，消除了各种存储异常。容易看出，所有单关键字的数据库表都应该是符合第二范式的，因为没有组合关键字，就不存在部分依赖现象。

3. 第三范式

如果关系满足第二范式，并且关系中不存在非主属性对任一候选关键字的传递函数依赖，则该关系符合第三范式。

例如，在 11.2.1 节中的关系模式学生及班级（学号，姓名，性别，出生年月，家庭住址，邮政编码，政治面貌，备注，班级编号，班级名称，辅导员），其关键字为单一关键字"学号"，这个关系符合第二范式，但不符合第三范式。因为在该关系中有这样的决定关系：（学号）→（班级编号）→（班级名称，辅导员），即"班级名称"和"辅导员"传递函数依赖于关键字。

就是因为存在传递函数依赖，才导致了这个关系模式会出现各种存储异常的情况，要想消除存储异常，就要消除传递依赖，使之满足第三范式。方法是把上述的关系模式转换为在"学生成绩管理系统"中用的两个关系模式：

学生（学号，姓名，性别，出生年月，家庭住址，邮政编码，政治面貌，备注，班级编号）

班级（班级编号，班级名称，辅导员）

在满足第三范式的基础上，可以对关系模式进行进一步的规范化使之满足更严格要求的范式。规范化理论为数据库设计提供了理论的指导和工具，满足范式要求的数据库设计是结构清晰的，同时可减少数据冗余和操作异常，但并不是规范化程度越高，模式就越好。

在实际开发一个应用系统时，要在存储异常和查询速度之间做权衡。高规范化会使存储异常相应减少，但会使系统中的表格增多，使表格之间的关系变复杂，造成查询速度的下降，同时，维护表之间的关系也需要系统开销。一般情况下，模式分解能达到第三范式就可以了。

实训

【实训】 数据库设计

（1）某公司的人事管理系统需要管理员工的基本情况、部门情况和岗位情况。员工的基本情况包括员工的姓名、性别、出生日期、婚否、参加工作时间、所在部门、所从事的岗位；部门情况包括部门名称、部门经理、部门副经理；岗位情况包括工作岗位名称、工作岗位权力范围。用 E - R 图表示该系统的概念模型，并设计出系统的关系模型。

（2）某公司管辖若干连锁商店，需管理以下信息。

① 各商店的店号、店址、商店经理。

② 商品的商品编号、商品名、单价、产地、在各店的月销量。

③ 职工的职工编号、职工名、性别、工资、所属店、进入该店时间。

要求每家商店经营若干商品，每家商店有若干职工，但每个职工只能服务于一家商店。画出表示上述信息的 E - R 图，并设计出其关系模型。

思考题

1. 什么是关键字、候选关键字、主关键字？
2. 试举出 3 种实例，要求实体型之间具有一对一、一对多、多对多联系。
3. 什么是函数依赖？函数依赖有几种？

第12章 Access 开发实例

前面章节介绍了用 Access 管理数据库的基本操作和数据库设计的基本知识。本章介绍用 Access 实现一个"仓库管理系统"的详细过程，综合对前面所学知识的应用。

12.1 数据库应用系统开发过程

在开发一个应用系统，尤其是有一定规模的应用系统时，必须把软件工程的原理和方法应用到开发过程中，才能保证开发的效率和成功率。这里依据软件工程提出的理论和方法，简单介绍开发一个数据库应用系统的最基本步骤。

1. 系统分析

开发一个数据库应用系统首先要进行系统分析。系统分析主要是指开发人员与用户之间进行充分的沟通，通过对待开发系统涉及的业务流程的详细了解和信息处理过程的详细分析，将用户的需求及其解决方法确定下来。系统分析所确定的内容是今后系统设计、系统实现的基础。

2. 系统设计

在系统分析的基础之上，进行系统的设计。在这一工作过程中主要完成应用系统的数据库设计、应用系统的系统功能设计和应用系统主要操作界面的设计。

3. 系统实现

在系统设计的基础之上，进行数据库应用系统的实现。在这一工作过程中，首先要为系统的数据库管理和系统功能的实现选择合适的开发工具，然后用所选择的数据库管理工具实现系统的数据库设计，用所选择的信息系统开发工具实现系统各个模块的功能。数据库管理工具和信息系统的开发工具可以是不同的工具软件，在本章的实例中，选择用 Access 同时作为数据库管理和系统开发的工具软件。

4. 系统测试

系统的各项功能实现后，需要对系统的设计进行测试。测试有几种类型，主要是测试代码有无逻辑错误以及在加载数据环境下程序的稳定性问题。通过测试工作尽可能地发现和改正系统中的错误，然后才能将系统投入实际运行。

5. 系统的运行与维护

这一阶段的主要工作包括系统的日常运行管理、系统评价和系统维护。针对系统在使用中出现的问题，或者用户提出的其他需求，要及时对系统进行修改、调整、维护。

以上是一般数据库应用开发的基本过程，下面以一个"仓库管理系统"为实例介绍在 Access 中开发一个数据库应用系统的方法。由于系统功能不是十分复杂，因此只对数据库设计环节和输入窗体设计做详细介绍，其他环节的介绍从简。

12.2 "仓库管理系统"分析

"仓库管理系统"是为一个小型的工艺门制造企业设计的仓储管理软件。需要管理的主要物资有两种，一种是购进的制作工艺门用的原材料，如板材、门花、五金配件等；另一种是制作出的成品工艺门。原材料的进货采取小批量进货方式，企业各个部门根据所需要的物资提出物资需求申请，仓库管理人员需要完成物品的出、入库操作，记录出入库信息，根据各部门的需求申请和现有库存量生成每日的进货需求，以使仓库中的库存量经常保持中等水平。

12.3 "仓库管理系统"功能设计

根据上述的需求分析，设计出系统的主要功能包括以下几个方面。

1. 基本信息的查看功能

主要包括物品及物品库存信息的查看、出库历史记录的查看和入库历史记录的查看。物品的信息主要包括物品的名称、型号、规格等信息，物品的库存信息主要包括物品所存储的仓库号，现有库存、库存数量上限、库存数量下限等。要求一种物品只存储在一个仓库中，一个仓库可以存储多种物品。出（入）库历史记录主要记录出（入）库操作的时间、物品、数量及经手人员信息。普通用户即可进行信息查看。

2. 基本信息的维护功能

主要包括物品信息的维护、仓库信息的维护和部门信息的维护。各种信息的维护主要是指对这些信息的增加、删除和修改。只有仓库管理人员能对这些信息进行维护操作。

3. 库存操作管理功能

这是仓库管理系统的主要功能，主要包括物品的入库操作、出库操作、生成日采购需求和查询物品编号。

入（出）库操作要求仓库管理人员在窗体中录入入（出）库数据，在每一项入（出）库数据输入完毕，保存后，库存中的现有库存数量进行相应的修改，同时，会把本次操作的相关内容记录下来，供查看入（出）库历史记录时使用。

生成日采购需求可以根据部门的需求信息和当前的库存情况，生成当日的采购需求。

查询物品编号功能根据用户输入的物品的名称、规格或型号，查询出满足所输入条件的所有的物品的编号。设置此功能是因为很多时候需要输入物品编号或给新物品起一个新的编号，而在存储的物品中，同名称不同型号和规格的物品很多，编号也相似，用户很难一一准确记忆，所以让用户能够根据物品已知的其他信息查询编号很有必要。

所有用户都能进行查询物品编号的操作，而入库、出库和生成日采购需求只有仓库管理人员才有权进行操作。

根据上面的功能分析，设计系统的功能模块图如图 12-1 所示。

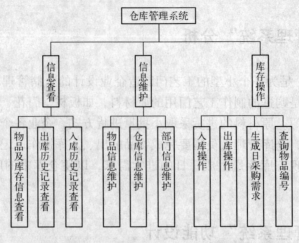

图 12-1 "仓库管理系统"功能模块图

12.4 "仓库管理系统"数据库设计

12.4.1 概念设计

通过对数据库的需求分析和对企业仓库物品管理过程的分析可知，该系统涉及的有 3 类实体：物品、仓库、部门。物品实体的属性可分为两类，一类是描述物品基本属性的物品编号、物品名称、型号、规格；另一类是描述物品的存储信息的属性，主要有物品库存上限值、物品库存下限值、物品现有库存量。仓库实体的属性有仓库编号和仓库说明。部门实体的属性有部门编号、部门名称和部门负责人。

通过对实体间联系的分析，为系统建立 E-R 模型，如图 12-2 所示。

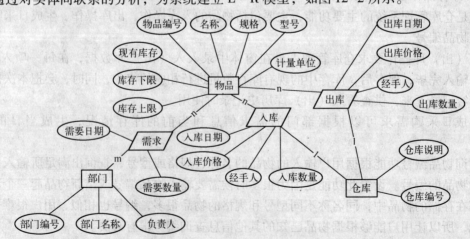

图 12-2 "仓库管理系统" E-R 图

12.4.2 逻辑设计

根据第 11 章介绍的方法，把 E-R 图转换为关系模式，然后把关系模式转换为 Access

数据库支持的数据表，共设计6个数据表，分别为"物品"表、"仓库"表、"部门"表、"部门需求"表、"入库"表、"出库"表。

1. "物品"表

"物品"表用于存储库存物品的基本信息和库存信息，其结构见表 12-1。

表 12-1 "物品"表结构

字段名称	物品编号	名称	规格	型号	仓库编号	库存上限	库存下限	现有库存	计量单位
数据类型	文本	文本	文本	文本	文本	数字	数字	数字	文本
字段大小	20	20	20	20	2	字节	字节	整型	8
说明	主键								

2. "仓库"表

"仓库"表用于存储仓库的基本信息，其结构见表 12-2。

表 12-2 "仓库"表结构

字段名称	仓库编号	仓库说明
数据类型	文本	文本
字段大小	2	40
说明	主键	

3. "部门"表

"部门"表用于存储部门的基本信息，其结构见表 12-3。

表 12-3 "部门"表结构

字段名称	部门编号	部门名称	负责人
数据类型	文本	文本	文本
字段大小	4	10	8
说明	主键		

4. "部门需求"表

"部门需求"表用于存储部门对物品的需求信息，其结构见表 12-4。

表 12-4 "部门需求"表结构

字段名称	物品编号	部门编号	需要日期	需要数量
数据类型	文本	文本	日期/时间	数字
字段大小	20	4		字节
说明	物品编号、部门编号、需要日期 3 个字段的组合作为主键			

5. "入库"表

"入库"表用于存储入库操作的相关信息，其结构见表 12-5。

表 12-5　"入库"表结构

字 段 名 称	物品编号	入库日期	入库数量	入库价格	经 手 人
数据类型	文本	日期/时间	数字	货币型	文本
字段大小	20		字节		8
说明	此两个字段的组合作为主键			2 位小数	

6. "出库"表

"出库"表用于存储出库操作的相关信息，其结构见表 12-6。

表 12-6　"出库表"结构

字 段 名 称	物品编号	出库日期	出库数量	出库价格	经 手 人
数据类型	文本	日期/时间	数字	货币型	文本
字段大小	20		字节		8
说明	此两个字段的组合作为主键			2 位小数	

表之间的关系，如图 12-3 所示。

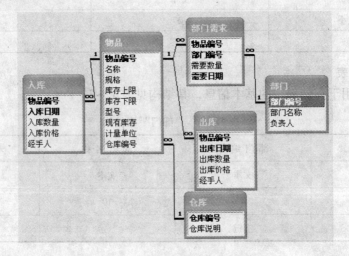

图 12-3　表之间的关系

12.5　"仓库管理系统"系统功能实现

12.5.1　"库存操作"模块功能的实现

1. 入库操作功能实现

入库操作主要通过"入库"窗体实现，一个好的窗体除了窗体功能能满足应用的要求外，还应能使用户的操作尽量简洁、方便。

（1）"入库"窗体界面设计。该窗体的界面设计视图如图 12-4 所示。

图 12-4 "入库"窗体界面设计

（2）"入库"窗体功能分析。在"入库"窗体中进行入库数据的录入，入库数据录入完成后，根据录入的入库数据进行库存的更新操作，同时将该入库操作的相关信息记录入"入库"表。

窗体打开时，光标自动定位到"物品编号"标签对应的文本框内，等待用户输入"物品编号"。实现此目的，需要对窗体的"加载"（Load）事件编写事件过程。

在使用该窗体时，首先用户在"物品编号"文本框中输入作为物品标识的"物品编号"，然后可能出现两种情况：如果该物品已有库存，则在"物品名称"、"物品型号"、"物品规格"、"仓库编号"对应的文本框中自动显示这个物品的相应数据，在"入库日期"对应的文本框中自动显示当前的日期。这样既可以提高用户的输入速度，又可以减少输入错误。"入库价格"、"入库数量"和"经手人员"需要用户在对应文本框中一一输入。如果该物品没有库存，则弹出对话框提示仓库中没有这种物品，是不是要增加一种新物品，在用户确认后，打开增加物品的窗口，向物品表中新增加一条记录。要实现上述目的，显然要针对标签"物品编号"对应的文本框的"更新后"（AfterUpdate）事件编写事件过程。

物品入库数据录入完毕后，操作者单击窗体下方的"保存"按钮，用于确认对库存进行更新和将入库操作插入"入库"表。要实现这个目的，需要对"保存"按钮的"单击"（Click）事件编写事件过程。

入库操作完成后，操作者单击窗体下方的"退出"按钮可以退出"入库"窗体，需要对"退出"按钮的"单击"（Click）事件编写事件过程实现此功能。

综上所述，在"入库"窗体中需要编写 4 段程序，分别来实现对窗体的"加载"（Load）事件、标签"物品编号"对应的文本框的"更新后"（AfterUpdate）事件、"保存"按钮的"单击"（Click）事件和"退出"按钮的"单击"（Click）事件的响应。下面介绍这 4 段程序。

（3）"入库"窗体代码设计。

① 窗体"加载"（Load）事件的过程。

在"入库"窗体设计视图中，打开窗体属性窗口，单击"事件"选项卡，在"加载"属性行右侧单击"生成器"按钮，在随即出现的"选择生成器"对话框中选中"代码生成器"选项，然后单击"确定"按钮，进入 VBE 编程环境（后面程序编写时进入编程环境的方法类似，不再赘述）。输入代码编写窗体的加载事件的事件过程。输入的代码如下。

```
Private Sub Form_Load()
Me![Text1].SetFocus
End Sub
```

其中 Text1 是"物品编号"标签对应的文本框的名称。

② 标签"物品编号"对应的文本框的"更新后"（AfterUpdate）事件过程。

```
Private Sub Text1_AfterUpdate()
Dim rs As New ADODB.Recordset
Dim ss As String
ss = "select * from 物品 where 物品编号 = '" & Me.Text1 & "'"
rs.Open ss, CurrentProject.Connection, adOpenStatic, adLockReadOnly
If rs.RecordCount < > 0 Then
        Me![Text23] = rs![名称]
        Me![Text27] = rs![规格]
        Me![Combo31] = rs![型号]
        Me![Text25] = 0
        Me![Text38] = rs![仓库编号]
        Me![库存] = rs![现有库存]
        Me.Refresh
Else
        If MsgBox("仓库中无此物品,增加一种新商品?", vbOKCancel, "请确定!") = vbOK Then
            DoCmd.OpenForm "物品", , , , , acFormAdd
        Else
            Exit Sub
        End If
    End If
End Sub
```

其中语句"DoCmd.OpenForm "物品", , , , , acFormAdd"中的"物品"是以"物品"表为数据源生成的纵栏式窗体。

程序中用到的各个文本框控件的名称和窗体上文本框控件的对应关系见表 12-7。

表 12-7　控件名称和控件对应关系

控件名称	Text1	Text23	Text27	Combo31	Text25	Text38	库存
对应标签	物品编号	物品名称	物品规格	物品型号	入库数量	仓库编号	现有库存

③ "保存"按钮的"单击"（Click）事件过程。

```
Private Sub Command33_Click()
    Dim d As String
    Dim rs2 As New ADODB.Recordset
    Dim ss2 As String
    On Error GoTo Err_Command33_Click
```

226

```
        If Me!［Text25］> 0 Then
            ss2 = "update 物品 set 现有库存 =" & Me!［Text25］& " + 现有库存 where 物品编号
='" & Me!［Text1］& "'"
            rs2. Open ss2，CurrentProject. Connection，adOpenDynamic
            d = "insert into 入库 values ('" & Me!［Text1］& "','" & Me!［Text21］& "','" & Me!
［Text25］& "','" & Me!［Text50］& "','" & Me!［Text52］& "')"
            DoCmd. RunSQL d
        End If
        Me!［库存］= Me!［库存］+ Me!［Text25］
        Me!［Text25］= 0
        DoCmd. DoMenuItem acFormBar, acRecordsMenu, acSaveRecord, , acMenuVer70
        Me. Refresh
Exit_Command33_Click：
    Exit Sub
Err_Command33_Click：
    MsgBox Err. Description
    Resume Exit_Command33_Click
End Sub
```

程序中用到的各个文本框控件的名称和窗体上文本框控件的对应关系见表 12-7 和表 12-8。

表 12-8　控件名称和控件对应关系

控件名称	Text21	Text50	Text52
对应标签	入库日期	入库价格	经手人员

④ "退出"按钮的"单击"（Click）事件过程。

```
Private Sub Command34_Click( )
        On Error GoTo Err_Command34_Click
            DoCmd. Close
Exit_Command34_Click：
            Exit Sub
Err_Command34_Click：
            MsgBox Err. Description
            Resume Exit_Command34_Click
End Sub
```

💡**注意**：由于会有在同一天不止一次入库相同物品的情况，要将每次记录都插入"入库"表，则作为主键的"物品编号"和"入库日期"不能重复。要达到此目的，可以把"入库"表的"入库日期"字段的"格式"属性设为带日期和时间的"常规日期"，同时把图 12-4 中的"入库日期"标签对应的文本框的"格式"属性也设为"常规日期"。

2. 出库操作功能实现

（1）"出库"窗体界面设计。出库操作主要通过"出库"窗体实现，该窗体的界面设计视图如图 12-5 所示。

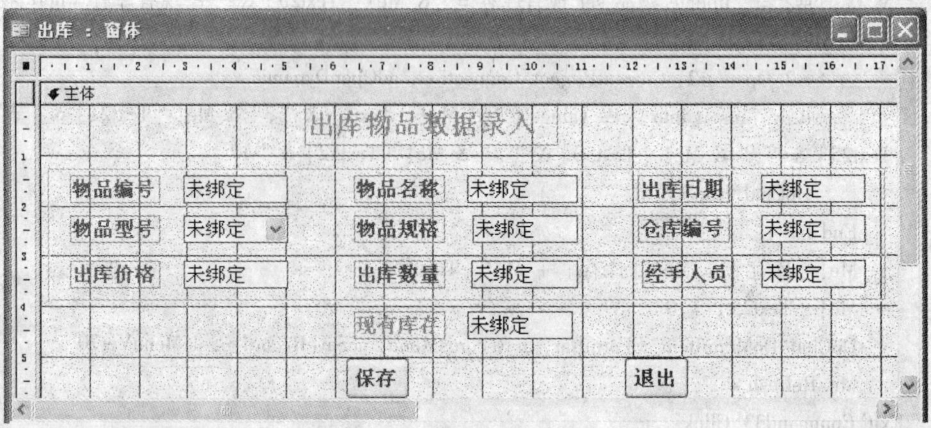

图 12-5　"出库"窗体界面设计

（2）"出库"窗体功能分析。在"出库"窗体中进行出库数据的录入，出库数据录入完成后，根据录入的出库数据进行库存的更新操作，同时将该出库操作的相关信息记录入"出库"表。

窗体打开时，光标自动定位到"物品编号"标签对应的文本框内，等待用户输入"物品编号"。实现此目的，需要对窗体的"加载"（Load）事件编写事件过程。

在使用该窗体时，首先用户在"物品编号"文本框中输入物品编号，然后可能出现两种情况：如果该物品已有库存，则在"物品名称"、"物品型号"、"物品规格"、"仓库编号"对应的文本框中自动显示这个物品的相应数据，在"出库日期"对应的文本框中自动显示当前的日期。"出库价格"、"出库数量"和"经手人员"需要用户在对应文本框中一一输入。如果该物品没有库存，则弹出对话框提示仓库中没有这种物品。要实现上述目的，需要针对标签"物品编号"对应的文本框的"更新后"（AfterUpdate）事件编写事件过程。

物品出库数据录入完毕后，操作者单击窗体下方的"保存"按钮，如果录入的"出库数量"大于目前库存，则提示"出库数量大于库存数量，请重新设置出库数量"，然后把光标定位于"出库数量"标签对应的文本框中，重新设定出库数量。正确的出库录入完成后，单击"保存"按钮可对库存进行更新和将出库操作插入到"出库"表。要实现上述目的，需要对"保存"按钮的"单击"（Click）事件编写事件过程。

出库操作完成后，操作者单击窗体下方的"退出"按钮可以退出"出库"窗体，需要对"退出"按钮的"单击"（Click）事件编写事件过程实现此功能。

综上所述，在"出库"窗体中需要编写 4 段程序，分别来实现对窗体的"加载"（Load）事件、标签"物品编号"对应的文本框的"更新后"（AfterUpdate）事件、"保存"按钮的"单击"（Click）事件和"退出"按钮的"单击"（Click）事件的响应。下面介绍这 4 段程序。

（3）"出库"窗体代码设计。

① 窗体"加载"（Load）事件过程。

"出库"窗体的窗体加载事件过程和"入库"窗体的窗体加载事件过程代码相同。

228

② 标签"物品编号"对应文本框的"更新后"（AfterUpdate）事件过程。

```
Private Sub Text1_AfterUpdate()
    Dim rs As New ADODB. Recordset
    Dim ss As String
    ss = "select * from 物品 where 物品编号 = '" & Me. Text1 & "'"
    rs. Open ss, CurrentProject. Connection, adOpenStatic, adLockReadOnly
    If rs. RecordCount < > 0 Then
            Me! ［Text23］ = rs! ［名称］
            Me! ［Text27］ = rs! ［规格］
            Me! ［Combo31］ = rs! ［型号］
            Me! ［Text25］ = 0
            Me! ［Text38］ = rs! ［仓库编号］
            Me! ［库存］ = rs! ［现有库存］
            Me. Refresh
    Else
            MsgBox ("仓库中无此物品")

    End If
End Sub
```

程序中用到的各个控件的名称和窗体上控件的对应关系见表12-7。
③ "保存"按钮的"单击"（Click）事件过程。

```
Private Sub Command33_Click()
    Dim d As String
    Dim rs2 As New ADODB. Recordset
    Dim ss2 As String
    On Error GoTo Err_Command33_Click
    Me! ［库存］ = Me! ［库存］ – Me! ［Text25］
    If Me! ［库存］ < 0 Then
        MsgBox "出库数量大于库存数量,请重新设置出库数量"
        Me! ［库存］ = Me! ［库存］ + Me! ［Text25］
        Me! ［Text25］. SetFocus
    Else
        ss2 = "update 物品 set 现有库存 = 现有库存 –" & Me! ［Text25］ & "  where 物品编号 =
'" & Me! ［Text1］ & "'"
        rs2. Open ss2, CurrentProject. Connection, adOpenDynamic
        DoCmd. RunSQL "insert into 出库 values ('" & Me! ［Text1］ & "','" & Me! ［Text21］ & "',
'" & Me! ［Text25］ & "','" & Me! ［Text50］ & "','" & Me! ［Text52］ & "')"
        Me! ［Text25］ = 0
    End If
    DoCmd. DoMenuItem acFormBar, acRecordsMenu, acSaveRecord, , acMenuVer70
    Me. Refresh
```

```
Exit_Command33_Click：
    Exit Sub
Err_Command33_Click：
    MsgBox Err. Description
    Resume Exit_Command33_Click
End Sub
```

程序中用到的各个文本框控件的名称和窗体上文本框控件的对应关系见表 12-7 和表 12-8 。

④ "退出" 按钮的 "单击" （Click） 事件过程。

"退出" 按钮的 "单击" （Click） 事件过程同 "出库" 窗体 "退出" 按钮的 "单击" （Click） 事件过程。

3. 生成采购需求功能实现

（1）生成采购需求功能分析。生成采购需求功能根据部门的需求情况和当前的库存情况生成当日的采购需求，采购需求计算的标准是使仓库中的库存量在满足部门需求后达到中等库存量（库存上限加上库存下限后除以 2 取整）。对于数量比较大的需求，部门需要根据自己的需求情况提前报送 "部门需求" 表，"部门需求" 表中提供了需求物品的物品编号、需求的日期、需求的数量和部门信息。

如果当日某种物品有部门需求，则算出该种物品各个部门的需求总和，如果现有库存减去需求的量后仍然大于库存下限，则该物品无采购需求，否则，用该物品的中等库存量加上部门需求总和再减去现有库存即可算出当日物品采购需求。

如果当日某种物品没有部门需求，那么如果现有库存不小于库存下限，则该物品无采购需求，否则，用该物品的中等库存量减去现有库存即可算出该物品的当日采购需求。

生成采购需求要求在执行该功能后，在一个窗体中显示需要日期，即当日日期，需要采购的物品编号和需要采购的数量。

（2）生成采购需求功能的实现方法。根据上面的分析，可先用查询实现对需要数据的计算，然后再基于查询创建窗体，方法如下。

① 首先基于各个部门的 "部门需求" 表求出每种物品当日需求总和，建立设计界面如图 12-6 所示的查询 "每日各物品需求总量"。

② 建立设计界面如图 12-7 所示的查询 "生成每日需求"。

💡注意：如图 12-7 所示的查询中两个表的联接类型为左外部联接，即联接生成的记录包含 "物品" 中的全部记录和 "每日各物品需求总量" 中符合条件的记录。联接后当日无需求的物品的 "需要日期" 和 "需求总数" 为空值。

💡注意：如图 12-7 所示查询的查询结果中显示 "物品编号" 和 "需订购量" 两个字段的值。"需订购量：（［库存上限］ + ［库存下限］）\2 + nz（［需求总数］）- ［现有库存］"在查询中生成 "需订购量" 字段，其中的 "nz" 函数用于把空值转换为数值 "0"；查询设计视图中第 3、4、5 列出现的字段作为查询条件，从设计视图 "条件" 和 "或" 行的设置不难看出查询的条件是 "（［需要日期］ = Date（） AND （（［现有库存］ - ［需求总数］）< ［库存下限］）） OR （（［需要日期］ Is Null） AND ［现有库存］ < ［库存下限］）"。

230

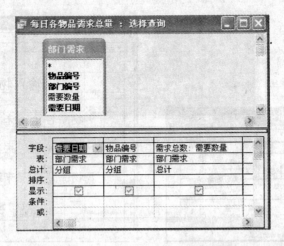

图12-6　"每日各物品需求总量"查询设计视图

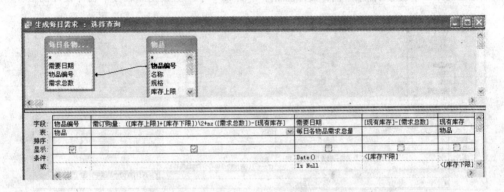

图12-7　"生成每日需求"查询设计视图

　　③ 最后基于查询"生成每日需求"建立窗体,其设计视图如图12-8所示。为方便查看,可把窗体属性中"默认视图"的值设为"连续窗体"。

　　4. 查询物品编号功能实现

　　查询物品编号要求能根据物品的名称、型号、规格中的任意一个值实现对符合条件的记录的查询。可建立如图12-9所示的"查询物品编号"窗体作为查询界面。输入查询条件后单击"确定"按钮可运行如图12-10所示的查询,"确定"按钮的单击事件可以使用5.4.2节中讲述的方法,通过用向导添加"确定"按钮实现。

12.5.2　"信息查看"模块功能的实现

　　1. 查看物品与库存信息功能实现

　　物品与库存信息包括物品的基本信息(如物品编号、名称、型号、规格)和库存的基本信息(如物品所在仓库、库存上限、库存下限、现有库存等)。这些信息都保存在"物品"表中,出于数据安全方面的考虑,一般不建议让用户直接打开表进行查询或其他操作。所以我们基于"物品"表建立窗体,打开此窗体进行物品和库存信息的查看。本例中基于表"物品"建立了纵栏式窗体"物品信息查看"。

231

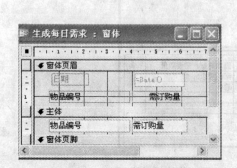

图12-8 "生成每日需求"窗体设计视图　　图12-9 "查询物品编号"窗体设计视图

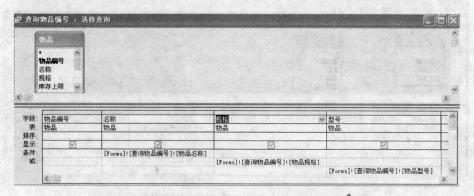

图12-10 "查询物品编号"查询设计视图

2. 查看入（出）库历史记录功能实现

入库历史记录信息包括入库物品的编号、入库日期、入库数量、入库价格和经手人员，这些记录存放在"入库"表中，基于"入库"表建立窗体，就可打开此窗体进行物品和库存信息的查看。本例中基于表"入库"建立了表格式窗体"入库历史记录"。

查看出库历史记录的实现和查看入库历史记录的实现方法相似，不同之处在于要基于表"出库"建立表格式窗体"出库历史记录"。

12.5.3　"信息维护"模块功能的实现

信息维护功能可以实现当物品信息、仓库信息或部门信息有所变动时，及时更新数据库中相应的数据。要求能对这些信息进行添加、删除和修改。物品信息、仓库信息和部门信息分别存放在"物品"表、"仓库"表和"部门"表中，基于上述数据表分别建立窗体，就可在窗体中实现对数据的各种维护操作。本例基于上述数据表分别建立了"物品"窗体、"仓库"窗体和"部门"窗体。

12.5.4　主界面设计和功能实现

前面完成了系统中各个功能需要的具体对象的设计，接下来就要设计系统的主界面，并

232

通过它把各个功能集成在一起。

本例设计的主界面在窗体视图中的效果如图 12-11 所示。主界面中主要使用一系列的命令按钮，通过设置这些命令按钮的单击事件属性和对应的功能相联系。

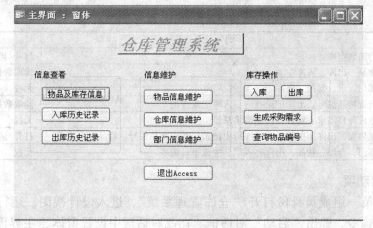

图 12-11　系统主界面

单击信息查看部分的命令按钮，可打开前面设计的对应窗体查看信息。由于信息的查看功能是对所有用户开放的，要求用户对数据只能查看，不能编辑。要实现这个限制，对对应命令按钮的"单击"事件编写事件过程，如在按钮"物品及库存信息"的"单击"事件过程中输入语句"DoCmd. OpenForm " 物品信息查看",，，，，acFormReadOnly"，就可实现以只读方式打开"物品信息查看"窗体查看数据。

单击信息维护部分的命令按钮，可打开前面设计的对应窗体进行数据的编辑。要实现这个功能，可对对应命令按钮的"单击"事件编写事件过程，如在按钮"物品信息维护"的"单击"事件过程中输入语句"DoCmd. OpenForm " 物品",，，，，acFormEdit"，即以编辑方式打开"物品"窗体。

对库存操作部分的命令按钮，设置按钮的单击事件属性，在编辑模式下打开对应功能的窗体即可，设置方法和信息维护部分的设置方法相似。

单击"退出 Access"按钮可退出 Access，并保存所有信息。要实现这个功能，对该命令按钮的"单击"事件编写事件过程，在其"单击"事件过程中输入语句"DoCmd. Quit acQuitSaveAll"即可。

12.6　"仓库管理系统"安全设置

如第 10 章所述，对数据库进行安全设置的方法有很多，在本例先对系统建立用户级安全机制，然后用设置启动项的方法设置启动窗体、隐藏设计窗口。

1. 对系统建立用户级安全机制

对系统设置用户级安全机制首先要对用户类别及其操作权限进行规划，本系统用户可分为"仓库管理员"和"普通用户"两类，仓库管理员拥有系统中所有功能的操作权，普通用户只能进行信息查看部分的操作和"查询物品编号"操作。

针对上述用户及权限规划，用设置安全机制向导为系统建立用户级安全机制，建立

"普通用户"和"仓库管理员"用户并将"仓库管理员"用户加入"管理员"组，具体的方法参看10.2.2节。安全机制向导运行完成后，用"仓库管理员"的身份登录，对"普通用户"设置权限，普通用户对数据库中各对象的操作权限见表12-9。

表12-9 普通用户对数据库对象操作权限

类	对　　象	权　　限
数据库	当前数据库	打开/运行
表	物品、出库、入库	读取数据
	部门需求、部门、仓库	无权
查询	查询物品编号、出库记录查询、入库记录查询	读取数据
	生成每日需求、每日各物品需求总量	无权
窗体	主界面、出库历史记录、入库历史记录、查询物品编号、物品信息查看	打开/运行
	部门、仓库、物品、出库、入库、生成每日需求	无权

2. 设置启动项

以"管理员"组成员身份打开"仓库管理系统"，进入设计视图，运行"工具"菜单中的"启动"命令，弹出"启动"对话框。在此对话框中设置窗体"主界面"为数据库打开时自动运行的窗体，并使其他复选框处于不勾选状态（具体方法参看10.4.2节）。

至此，一个完整的系统就设计完成了。

实训

【实训】　完成实例"仓库管理系统"的设计

（1）根据书中实例步骤，完成"仓库管理系统"的功能设计。

（2）进行"仓库管理系统"功能测试。

（3）完成"仓库管理系统"安全机制设置。

思考题

1. 比较你自己根据E-R图直接得到的数据表和本例设计的数据表，思考它们的不同和各自优缺点。

2. "出库"窗体中，如果出库数量大于库存数量，可以在光标移出对应标签为"出库数量"的文本框时就出现更改出库数量提示，请设计并实现这个功能。

3. 用宏实现主界面各个命令按钮的功能。

4. 在过程"Private Sub Command33_Click( )"中，更新一条记录和插入一条新记录用的方法分别是什么？用这两种方法执行同一个操作，在执行时有何差别？

参 考 文 献

[1] 苏传芳. Access 数据库实用教程[M]. 北京：高等教育出版社，2006.

[2] 李禹生，贾瑜，欧阳峥峥，等. Access 2003 应用技术[M]. 北京：中国水利水电出版社，2005.

[3] 李杰，郭江等. Access 2003 实用教程[M]. 北京：人民邮电出版社，2007.

[4] 顾明. 数据库原理与应用[M]. 北京：高等教育出版社，2004.

[5] 卢湘鸿. 数据库 Access 2003 应用教程[M]. 北京：人民邮电出版社，2008.